现代果园生产与经营丛书

YINGTAOYUAN

SHENGCHAN YU JINGYING ZHIFU YIBENTONG

樱桃园

生产与经营

致富一本通

孙玉刚　魏国芹 ◎ 主编

中国农业出版社

图书在版编目（CIP）数据

樱桃园生产与经营致富一本通/孙玉刚，魏国芹主编.—北京：中国农业出版社，2018.1（2022.1重印）
（现代果园生产与经营丛书）
ISBN 978-7-109-23765-0

Ⅰ.①樱… Ⅱ.①孙…②魏… Ⅲ.①樱桃－果树园艺②樱桃－果园管理 Ⅳ.①S662.5

中国版本图书馆 CIP 数据核字（2017）第 324428 号

中国农业出版社出版
（北京市朝阳区麦子店街 18 号楼）
（邮政编码 100125）
责任编辑 黄 宇 张 利 李 蕊

中农印务有限公司印刷 新华书店北京发行所发行
2018 年 1 月第 1 版 2022 年 1 月北京第 3 次印刷

开本：850mm×1168mm 1/32 印张：7 插页：2
字数：180 千字
定价：24.00 元
（凡本版图书出现印刷、装订错误，请向出版社发行部调换）

主　编　孙玉刚　魏国芹

参　编　孙瑞红　辛　力

　　　　李芳东　张　倩

　　　　李广记　杨春分

　　　　胡丽萍　付全娟

　　　　侯　森　杨兴华

　　　　房中文　闫振华

前言

　　樱桃是深受消费者喜爱的时鲜、高档水果，既可鲜食、加工，也适合都市休闲采摘、加工体验，在满足人民日益增长的美好生活需要方面有着重要作用。

　　我国樱桃主要栽培种类有甜樱桃（俗称大樱桃，商品名为车厘子）和中国樱桃（俗称小樱桃）。经过近 20 年的快速发展，我国甜樱桃栽培面积、产量均居世界第一，果品质量显著提高，但与国外进口的甜樱桃相比，差距明显，良品果率低。目前，樱桃生产经营进入新的阶段，在供给侧结构性改革的新形势下，樱桃生产亟须转型升级、提质增效、淘汰低产低质果园，提倡生态种植、建设绿色高效、省工省力的现代樱桃园。

　　在快速发展的过程中，樱桃生产经营存在较多问题，例如，新栽地区盲目引种，未能选择到适宜的砧木种类和适应当地气候条件的栽培品种；栽培模式上沿用传统种植方式，树冠大，园相郁闭；主产区果品采后处理简单，多数没有预冷、泡沫箱包装，果品不耐运输，有异味，仅有少量产地品牌，基本没有商业品牌，缺乏产地经营组织，部分地区出现销售困难。制约产业发展的障碍因素依然存在，花期冻害、遇雨裂果等问题没有根本改善；劳动力成本快速升高，果园机械化作业水平低。

本书系统分析了樱桃生产经营现状、存在问题、发展前景，推荐了适宜发展的砧木种类、优良品种、优质苗木生产和现代建园技术，介绍了樱桃园生产管理关键技术、采后处理和市场营销，立足实用性和先进性，以期为我国樱桃产业的发展提供参考。

本书在编写过程中，借鉴了多位同行的研究成果和文献资料，在此表示衷心的感谢！

由于编者水平所限，书中疏漏和不足之处，敬请广大读者批评指正。

编者电子信箱：sds129@126.com。

编　者

2017 年 11 月 18 日

XIANDAI GUOYUAN SHENGCHAN YU
JINGYING CONGSHU

目录

第一章
樱桃生产经营概况

樱桃是深受消费者喜爱的时鲜、高档水果，在调节鲜果市场淡季供应、满足休闲采摘和促进都市农业发展等方面，有着特殊作用。作为水果种植的樱桃种类主要有甜樱桃（俗称大樱桃，商品名为车厘子）、中国樱桃（俗称小樱桃）和酸樱桃及少量的草原樱桃和毛樱桃，我国主要栽培的是甜樱桃和中国樱桃。甜樱桃主产区是环渤海的山东、辽西、河北秦皇岛及北京，近些年西北黄土高原的陕西铜川、甘肃天水也成为新兴产区。经过近 20 年的快速发展，甜樱桃栽培面积、产量均居世界第一，果品质量显著提高，但与国外进口车厘子相比，差距明显，良品果率低。目前，甜樱桃生产进入新的阶段，在供给侧结构性改革新形势下，樱桃生产亟须转型升级，提质增效，淘汰低产低质低效果园，提倡现代生态种植，绿色高效，省工省力。

一、生产和经营现状

（一）面积、产量

世界贸易中主要甜樱桃和酸樱桃两种。据联合国粮食及农业组织（以下简称 FAO）统计，1980—2015 年世界甜樱桃种植面积呈增加趋势，1980 年为 16.77 万公顷，2000 年增长到

32.64万公顷，2013年达40.51万公顷。2015年世界甜樱桃产量约计280万吨，较2000年的180万吨上升了55%，主要生产国家有土耳其（54万吨）、美国（31万吨）、中国（25万吨）、伊朗（20万吨）、意大利（13万吨）、智利（13万吨）、西班牙（9万吨）。

美国是世界甜樱桃生产的先进国家，主要分布在华盛顿州、加利福尼亚州、俄勒冈州等，栽培品种主要为大果、优质、硬肉类型品种，当前推广品种：①早熟品种。秦林（Chelan）、黑珍珠（Black Pearl）、布鲁克斯（Brooks）、桑提娜（Santina）、珊瑚香槟（Coral Champagne）。②中熟品种。宾库（Bing）、本顿（Benton）、紫红珍珠（Burgundy Pearl）、乌木珍珠（Ebony Pearl）、雷尼（Rainier）。③晚熟品种。柯迪亚（Kordia、Attika）、拉宾斯（Lapins）、斯基娜（Skeena）、雷洁娜（Regina）、甜心（Sweetheart）。砧木主要采用马扎德、马哈利等；苗木由专业苗圃公司培育，均为脱毒苗木；栽培方式上实行低干矮冠、宽行密植栽培，树形主要为杯状形和中心干形，行间生草，管道灌溉，营养诊断施肥；新栽果园折合亩*产1 000～1 500千克。

近20年来，我国甜樱桃生产发展迅速，栽培面积快速增加，产量上升，分布范围迅速扩大。据中国果品流通协会估算，2016年，中国甜樱桃种植面积260万亩，产量70万吨，主要分布在环渤海地区的山东、辽宁和陇海铁路沿线西段的陕西、甘肃；其中，山东120万亩，辽宁40万亩，陕西35万亩；作为中国甜樱桃栽培发源地的烟台，2016年，面积达到31.7万亩，产量21.8万吨。由于较大的市场潜力和较高的种植效益，河北、河南及云南、贵州、四川冷凉高地，青海、新疆等适宜地区也有较快发展，并初步形成陕西铜川、甘肃天水、四川汉源及北京近郊

---

* 亩为非法定计量单位，1亩＝1/15公顷。——编者注

采摘园等新兴产地。

　　山东是甜樱桃主要生产区域，种植面积快速增长，据统计，2000年约25万亩，到2007年增加至75万亩，2010年达到90万亩，2013年约100万亩，2015年达到123万亩，约占全国的50%。山东甜樱桃产量1990年仅为2 050吨，到2007年已增长至25万吨，2013年达到30万吨，2015年约50万吨，面积、产量均居全国第一。甜樱桃已成为山东主要栽培水果，主要分布在福山、平度、临朐、五莲、沂源、岱岳、山亭等县（市、区）。目前，山东甜樱桃栽培范围也由烟台、泰安等传统种植区逐渐向山东的中南和西北等地区扩展，济宁邹城、聊城冠县等发展较快，市场由数量型向质量型转化。山东的主要品种为红灯、早大果、美早、萨米脱、先锋（Van）、拉宾斯、红蜜等，砧木为大青叶、考特、吉塞拉，平均亩产500～600千克。

　　酸樱桃在欧美国家栽培较多，面积和产量仅次于甜樱桃，据FAO统计数据，2010年，世界酸樱桃收获面积22.1万公顷，产量117.3万吨；2014年产量136.2万吨，主要分布国家有俄罗斯、波兰、乌克兰、美国、土耳其、伊朗、匈牙利等，如俄罗斯中央黑土带地区、伏尔加河沿岸地区、乌拉尔地区、西北地区、西西伯利亚地区都有栽培。主要分布国家见表1-1。

表1-1　世界酸樱桃主要生产国家及产量（FAO，2017）

排序（2014年）	国家	酸樱桃产量（吨）	
		2003	2014
1	俄罗斯	200 000	198 000
2	乌克兰	146 200	182 880
3	土耳其	145 000	182 577
4	波兰	191 127	176 545
5	美国	102 693	137 983

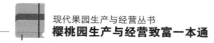

（续）

排序（2014 年）	国家	酸樱桃产量（吨）	
		2003	2014
6	伊朗	45 000	111 993
7	塞尔维亚	86 932	93 905
8	匈牙利	48 654	91 840
9	乌兹别克斯坦	12 000	45 000
10	阿塞拜疆	17 866	25 669
11	德国	33 694	17 351
12	阿尔巴尼亚	15 400	17 000
13	白俄罗斯	14 000	15 639
14	克罗地亚	6 947	10 916
15	马其顿	3 690	8 042
16	意大利	7 090	7 541
17	奥地利	5 138	5 600
18	捷克	8 067	5 020
19	加拿大	5 391	4 483
20	摩尔多瓦	13 300	4 478
21	波黑	2 470	4 209
22	保加利亚	3 108	3 776
23	亚美尼亚		3 475
24	丹麦	6 976	3 427
25	秘鲁	813	1 261
26	希腊	2 368	1 080
27	葡萄牙	637	658
28	智利		600
29	斯洛文尼亚	799	541
30	玻利维亚	532	211
31	哈萨克斯坦	100	200
32	斯洛伐克	1 562	61

酸樱桃在我国生产面积很少，仅在新疆、山东有少量栽培。山东栽培品种单一，只有单果重 3 克的毛把酸。近年来，西北农林科技大学、山东省果树研究所等科研单位推出新品种，单果重一般 5～8 克，开始试种推广。

中国樱桃，也称为小樱桃、玛瑙、樱珠等。起源于我国长江流域西南部，经过长期引种驯化，栽培广泛，主要分布在长江、黄河流域。主要产区位于四川、贵州、浙江、陕西、江苏、山东、河南、北京等省份。中国樱桃抗寒力弱，喜温暖而润湿的气候，多生于山坡阳面或沟河边温暖地带，立地条件适宜于肥沃疏松、土层深厚、排灌条件良好的沙质土中栽培。具有早熟、丰产等特点，但因果实个小，单果重一般 1.0～2.5 克，果肉软，不耐运输，货架期较短，降低了商品价值。北方地区，因采收成本高，已逐步被甜樱桃栽培品种所取代，目前新发展较少；但在云南、贵州、四川、重庆及江苏、浙江、上海等南方适宜地区，用于都市农业和观光休闲采摘，有适度发展，特别是近年来推出的单果重 3 克左右的红玛瑙、重庆乌皮等大果类型，采用避雨栽培模式，有较好发展趋势。

（二）市场、效益

近几年，甜樱桃市场发生剧烈变化，表现为供应期显著延长，基本达到周年供应；产地批发市场价格因上市时间、果品质量不同，差异巨大，早上市或晚上市、优质果价格高，大量上市质量差的果品价格低；市场出现分层，中低档产品价低卖难，高档果品和进口果价高畅销；生产成本快速上升，种植效益呈下滑趋势。

1. 国际贸易异军突起 南半球智利、澳大利亚、新西兰等反季生产，大量供应我国春节、元旦市场，供应期从 11 月至翌年 2 月；太平洋沿岸地区的加州樱桃、西北樱桃及中亚地区樱桃于 5～8 月进口上市。据中国海关公布的进口数据显示，2016 年我国大陆水果进口货值 48.8 亿美元，总量 348 万吨，进口水果排名第一位的是甜樱桃，进口额达到 7.93 亿美元。进口甜樱桃，不仅满足了市场需求，更重要的是使消费者认识了甜樱桃应有的品质，进一步提高了生产者质量意识。

2. 电商销售日趋活跃　甜樱桃传统流通模式主要有零售、批发、农超对接、休闲采摘等。随着互联网电子商务和都市农业的迅速发展，甜樱桃的流通发生了重大变化，基于微信平台和快递公司的电子销售模式大大提高了市场的运行效率，各地的樱桃节也进一步促进了休闲采摘旅游，大大缩短了甜樱桃鲜果从枝头到舌尖的时间。

3. 国内生产市场两端价高俏销　3 月中下旬至 5 月上旬，国内简易日光温室和塑料大棚樱桃上市，果实个大，新鲜，尤其在辽宁大连，设施栽培果品质量高，价格高，市场火爆。5 月上旬至 7 月上旬，四川汉源、陕西铜川、山东枣庄和烟台、辽宁大连、甘肃天水、青海海东等露地栽培果品先后上市，主要集中在5 月中下旬至 6 月下旬，个大、鲜艳的优质果品依旧价格俏销，但个小、质次的甜樱桃销售困难，特别是 2017 年甜樱桃集中上市，部分劣质低价樱桃冲击市场，价格呈断崖式下降，部分地区出现卖难现象。值得一提的是，甘肃武山、青海乐都等高原晚熟品种甜樱桃，7 月中旬开始上市，个大、硬肉，果品质量高，成为市场新宠。

甜樱桃栽培经济效益相对较高，采用简易日光温室和塑料大棚促成栽培，上市早，价格高，亩产值高达 5 万～10 万元，辽宁大连、甘肃天水、青海乐都等晚熟栽培区，果品质量好，种植效益高；河南、山东等露地栽培，上市集中，种植效益一般在1 万～3 万元；城郊休闲采摘果园效益高，开园价格高达 40～100 元/千克。

小樱桃生产经营，在北方地区，一般粗放管理、自然生产，山东青岛、泰安、五莲及河南郑州、洛阳等地多在山脚、沟谷地带散生栽培，果实个小，不耐运输，主要就近供应当地早期市场和休闲采摘；山东山亭有少量大棚促成栽培，春节后上市，小包装，由于管理简单、规模小，种植效益较好。南方地区，小樱桃适合都市休闲采摘发展，主要产区有浙江诸暨、四川浦江、贵州毕节、江苏南京、安徽太和、云南昭通及上海、重庆等地，特别是部分大果类型资源，采用防雨栽培技术，"五一"节前后成熟上市，采摘市场火爆，价格高，一般 40～100 元/千克。

二、生产存在问题

当前，樱桃生产存在的主要问题是国内产量快速提高，局部地区产量过大，果品质量不高，优质果率低；生产经营成本快速上升，生产效率低；小生产和大市场的矛盾还没有得到解决，露地栽培上市集中，市场竞争力大，比较效益呈下滑趋势，产业亟须转型升级。造成质量不高、效益下滑的因素很多，关键是经营者技术素质不高、生产目标定位不清、栽培技术不成体系、标准化水平低。主要表现在缺乏规划和定位，盲目发展；甜樱桃栽培模式简单，砧木、株行距、树形不配套，导致树体过大、园相郁闭，通风透光条件差，叶片提前脱落，贮藏营养不足，花芽分化和果实质量差；障碍因素多，花期冻害、遇雨裂果没有保障，早采现象普遍；果品商品化处理能力不高等。

1. 盲目发展，未能真正做到适地适树 生产布局多由地方自发组织，缺乏合理的专业引导，栽培面积大，市场、包装、品牌建设等不配套；多数建园规划简单，路、渠、水、电等多因费用高，不能一步到位，地头没有留足作业道，机械作业困难；许多果园排水渠道不畅，雨季容易积水造成涝害，死树严重；部分果园盲目建园，选择了不适宜的砧木、苗木，缺少授粉品种，仓促上马。

2. 品种选择盲目跟风 山东烟台、辽宁大连、山东泰安、河南郑州、陕西西安、北京、云南等地有关单位推广的砧木品种各不相同，生产者很难选择适合当地土壤的砧木类型。接穗品种结构不合理，多选择果肉软、不耐运输或商品性状差的品种为主要推广品种，表现在甜樱桃早熟品种占比过大，红灯占50％以上，成熟时果肉较软；采收早时颜色浅，糖度低；畸形果率高，特别是病毒染病率较高。新发展的主推品种美早结果晚、中产、味淡，萨米脱果皮薄，容易出现碰压伤，严重影响货架期和商品质量；各产区采收期过于集中，不同产区使用几乎相同的主栽品种，早、中、晚熟品种搭配不合理。酸樱桃仅有1个品种，单果重小，3.0克左右，生产缺乏大果类型良种。

3. 苗木质量差，缺乏规范稳定的苗圃 生产中一株好苗难求，多数苗木根系不完整，整形带芽体损伤严重，基本没有脱毒苗木。目前，樱桃育苗主要是产地个体户育苗，绝大多数没有采穗圃，多数依据自己的经验采集自家或朋友的品种育苗，存在接穗带病毒率高等问题；同时，对砧木了解不多，砧穗组合不当，生产中主要砧木为中国樱桃根蘖苗压条或实生苗繁殖，抗涝性差，易感染流胶病、根茎腐烂病，树体容易衰弱，甚至死亡，园相不整齐。

4. 种植模式简单，园相郁闭 甜樱桃果园株行距多为3米×4米，树形采用不规范的纺锤形，大枝数量多，分枝角度偏大，盛果期园郁闭严重；土壤管理制度依旧为清耕制，锄草、松土等，劳动强度大，少有生草制或覆草果园，很少起垄栽培，即使起垄也不规范，过大、过高，有的属于平台栽培，不能起到起垄的作用；肥水管理凭经验进行，不能测土配方营养诊断施肥；整形修剪技术借鉴苹果修剪的技术经验，树形上仍以传统的小冠疏层形、多主枝自然圆头形占多数，树形紊乱，通风透光差，操作空间小；树体营养不良或过剩，6～8年才进入初果期，结果晚，产量低，管理困难；采后管理技术跟不上，多数采后不再管理，落叶严重，导致树体贮藏营养水平低下，严重影响第二年的开花坐果。

5. 平均单产低，果实质量差　据 FAO 资料报道，2006—2008 年 3 年间，土耳其、美国等甜樱桃平均单产达到 8～10 吨/公顷，我国仅 4 吨/公顷。近 20 年发展的新果园，美国一般平均亩产达到 1 000～1 500 千克，我国多在 500～750 千克。造成产量低的原因很多，主要是品种、冻害、早期落叶等。

普遍采收过早，不能在最佳成熟度时采收，导致果实单果重小，含糖量低。例如，拉宾斯品种，在北美果实成熟时紫红色，可溶性固形物含量 18％以上，一般单果重 8～12 克；而我国采收时果实多鲜红色，单果重仅 6.5～8 克，可溶性固形物含量 15％左右，根本没有表现出品种应有的质量，更难达到出口质量标准。

6. 制约产业发展的障碍因素多　花期冻害、遇雨裂果、病虫鸟害等没有根本改善。近年来，春季开花期经常遇到倒春寒，一般 10 年中 3～4 年发生较严重的低温冻害、冷害，造成大面积减产减收。由于修剪、病虫害、冻害等原因，造成树体损伤，加之排灌水不当，树体流胶病普遍，目前，尚没有快速治疗流胶病的简易方法，使流胶病得不到及时治疗，营养大量流失，甚至感染其他病害，导致树体衰弱，甚至逐渐枯死。

7. 生产成本快速升高　果园土肥水管理、整形修剪、采收等用工成本快速增加。与欧美国家相比，差距在果园整齐度、标准化、规模化、机械化、自动化等方面。我国必须尽快研发轻简化管理技术体系，尤其注重果园管理标准化、机械化。同时，肥料、农药、水电等成本也逐年提高，造成生产成本增加。

8. 果品商品化处理能力低　发达国家，甜樱桃采收后直接运送到包装公司进行冷水清洗预冷、烘干、分级、直接小包装后置标准箱内码于冷库或直接冷链运输至超市或批发零售市场，不再重新包装，中间环节少，损耗少；而我国多一家一户采摘后运到产地市场挑选分级，包装在没有透气孔的泡沫箱内或再放入大纸箱中，通过物流或一般货车发往销地批发市场，需再一次分装后进入超市或零星市场，环节多，不预冷，也无冷链，包装简单且不规范，损耗大，产品货架期短。合理的采后处理，可以减少损耗，延长鲜果市场供应期，提高鲜果消费量，还能够通过增加消费方式刺激消费，从而扩大市场容量和产业规模。采后技术还能够避免产量过剩时价格过度下跌。

9. 市场竞争力增大，缺少商业品牌 由于栽培面积的扩大，产量提高，特别是主栽品种上市集中，造成竞价倾销，价格下滑！我国甜樱桃产地市场主要集中在 5～6 月，个大鲜艳的优质甜樱桃依旧价格俏销，关键是质量。目前，产地品牌小、乱，基本没有适合市场的商业品牌。

三、生产与经营发展趋势

从种类上看，当前我国樱桃生产主要集中于甜樱桃，酸樱桃发展很少，小樱桃多在南方休闲采摘区有适当发展。从面积产量、市场效益和满足人民生活水平上看，应稳定甜樱桃面积，提质增效；在适宜产区扩大酸樱桃种植，为加工果汁、果酒提供原料；小樱桃多在江浙沪、云贵川等城市周边地区促成栽培，满足春季市民出游采摘需求。

1. 优势区域集中发展与都市休闲农业零星种植相结合 目前，我国甜樱桃优势产区是环渤海地区，西北、西南部分冷凉高地，主要是山东、辽宁大连、河北山海关、北京、陕西西安、甘肃天水秦州区、四川汉源等。甜樱桃是真正的时鲜水果，适宜春末夏初观光休闲采摘，各地纷纷举办樱桃节就是很好的例证，围绕城郊的零星种植也是都市农业的重要组成部分，如甜樱桃在北京、大连、烟台、西安等城市近郊，观光采摘市场火爆，种植效益高。

2. 种植制度由分散管理向规模化集约化发展 目前，甜樱桃栽培技术水平不高，关键原因是栽培标准化技术体系的问题，推行标准化管理是快速提高果园技术水平的最有效手段。建议大力推进标准化种植，提高整体技术水平，尽快解决缺株断垄、低产树、无效面积等问题。栽植方式由过去的大冠稀植向矮化密植发展，树冠由圆冠向扁冠、窄冠发展，宽行密株定植。矮化密植是指利用矮化技术、早实品种、矮化树形及修剪技术，使树体矮小、树冠紧凑、适于密植的一种现代化栽培体系，具有方便机械操作、早实性能好、采收容易和投资回报周期短等优点。目前，我国甜樱桃园多乔砧矮化密植栽培，进入结果期晚、盛果期后果园郁闭现象严重、果园管理比较困难、机械化程度低，已经不能满足现代产业发展的需求。利用矮化砧木进行宽行密株矮化栽培以其早果丰产、省力高效等优点成为国内外甜樱桃优质高效生产发展的重要趋势，核心是矮化砧木。

3. 轻简化管理是大势所趋　利用矮化砧木进行矮化密植，早实丰产，省工省力；对标准化种植果园进行机械化、自动化管理，例如，机械喷药、叶面补肥，站在机械平台上进行修剪、采摘等，割草机除草；开沟机械深翻改土等，省工高效。土壤管理制度由清耕制向生草制发展，肥水管理实行水肥一体化，通过控水控肥来控制树体营养生长。大力提倡设施栽培，减轻晚霜等危害。

4. 果品必须进行商品化处理　目前，我国生产的大樱桃和国外进口的车厘子差别显著，实质都是甜樱桃，国产甜樱桃因没有预冷和冷链运输条件，包装水平低下，种植者只好早采上市，果个小、着色浅、糖度低，市场竞争力差，且损耗严重。

5. 大力发展专业合作社和产业化经营　促进生产规模化和专业化水平，积极发展壮大龙头企业和专业合作社示范建设，重视市场和流通建设，稳步提高产量和增加收入，切实提高农业生产经营组织化程度，转变农业发展方式。

甜樱桃现代栽培总的趋势是矮化、标准化、机械化，核心技术是利用矮化砧木进行密植丰产栽培；选用优质大苗建园，"栽到地里就结果"；进行管道灌溉、营养诊断科学施肥、水肥一体化技术；修剪、喷药等果园管理机械化。

四、生产发展对策

1. 供给侧结构性改革 调区域结构，向优势产区调整，发挥规模优势；调品种结构，向优质调整，好吃好看，将会受到消费者持续青睐；调种植方式，适度发展休闲采摘，发挥其上市早的独特优势。

2. 制定鼓励生产政策 樱桃生产优势区域，建议地方政府建立完善樱桃产业发展政策扶持体系、科技创新支撑体系，设置省级樱桃产业技术体系，稳定研究推广队伍，培训职业生产者，同时出台优惠政策，推动产业转型升级和可持续健康发展。

3. 科学规划建园 甜樱桃喜温暖，不耐寒、不耐旱、不耐涝，怕大风、怕黏土和盐碱地，适宜的 pH 为 6.0～7.5，适宜的年平均温度为 9～15℃。容易受到早春晚霜危害；高温干旱和高温高湿地区不适宜甜樱桃正常生长、开花、结实。规划建园时，要认真分析当地的小气候特点，依据不同的地形条件选建园址。果园建设要留足作业道、排水渠等，尤其是留足机械进出路线或设施栽培时支撑拉线位置等。果园内道路要简单硬化，最好铺设碎石即可，不要水泥硬化，方便将来恢复。

4. 重视苗木生产和选择 苗木是建园质量的基础。首先，要建设良种苗木繁育基地，培育脱毒优质苗木、带分枝大苗、营养钵苗等；其次，要采用优良的砧木和接穗品种，新建果园一定要重视选择优质苗木，因为便宜、劣质的苗木严重影响建园质量，浪费人力物力，挫伤生产积极性。

5. 推广硬肉型大果品种 与欧美国发达国家比较，我国甜樱桃品种果实硬度小、多为软肉型，果实颜色浅、多为鲜红色，采收早、单果重小、含糖量低、货架期短等。为提高市场竞争力，新发展地区选择栽培品种要做到高起点，要求主栽品种为大果、硬肉、深红色、优质、广适型品种，以适应国际国内市场的要求。主要有布鲁克斯、珊瑚香槟、秦林、桑提娜、宾库、鲁玉、黑珍珠、塞维、雷尼、彩玉、柯迪亚、拉宾斯、斯基娜、雷洁娜、胜利、甜心等。

6. 推广宽行密株标准化生产技术 甜樱桃矮化密植，宽行密株，方便采收和机械化管理。采用优质大苗建园、果园生草、管道灌溉、配方施肥、标准化管理，省工省力，使甜樱桃生产由数量型向质量效益型转变。利用矮化砧木和矮化树形进行矮化密植栽培，3 年结果，5 年丰产。砧木选用 G5、G6，平地建园采用细长纺锤形整形，适宜株行距（1.5～2.5）米×4.5 米，树高2.7～3.2 米，干高 50～60 厘米，在中心干上均匀轮状着生 15～30 个侧分枝；丘陵山地栽培采用丛枝形，株行距（2～2.5）米×（4.5～5.0）米，干高 30 厘米，树高约 2.5 米，冠径 3 米。

7. 推广设施栽培 设施栽培，可以有效解决花期低温伤害、遇雨裂果和鸟害等问题，是甜樱桃安全优质生产的保障技术，显著提高果品质量，延长供应期。促成栽培包括塑料大棚和日光温室两种；避雨栽培提倡简易三线式防雨棚，脊高 3.2 米，侧高1.8～2.0 米，覆盖材料采用大棚膜、果园覆布或防雨绸等。

8. 加强采后处理 适时采收是保证甜樱桃果实丰产丰收、提高品质的重要环节。采收过早，果实达不到应有的品质；采收过晚，则由于过熟而不耐运输，有些易裂果的品种过晚采收遇雨易裂果。目前，我国的甜樱桃产业只重栽培生产不重产后处理的现象十分普遍。产后处理还未真正起步，生产者采收樱桃，多数仅经过简单人工分检后直接到市场销售，仅有部分收购商进行简单的冷藏处理，导致不耐运输、货架期短，商品果率低。采后清洗、预冷、分级、保鲜及冷链运输亟待加强。

9. 提倡一、二、三产业融合 甜樱桃成熟季在春末夏初，形象是"新鲜、美味、安全"，是果园观光、休闲、旅游采摘的先锋树种。大力发展都市农业和休闲旅游农场，提供观光游览、亲子科普教育、文化产品展览、餐饮美食、商品购买等功能，形成集生产、加工、销售、休闲、购物于一体的产业。

五、产业发展与投资规划

1. 产品定位 果园生产要准确定位。樱桃园生产，既要经济效益，也要生态效益。提倡科学种植，绿色发展，优质高效。坚持生产、生活、生态一体的现代农业发展模式，逐步建立健全农产品生产体系、产业发展体系和技术支撑体系的现代化经营果园，争取在较短时间内完成从鲜果销售到深加工、从农场管理向市场管理的转变。

2. 生产规划

（1）园地选择至关重要。樱桃建园必须满足以下几个条件：土壤适合樱桃生长，透气性好，有机质含量高，中性偏酸为宜；地下水位不高，不积水，有水源供应保障；有一定闲置劳动力；交通便利，便于运输。

（2）果园规模适度。不宜太大，对于一般规模种植企业，首期以 300～500 亩为宜，等第一期成功后再建设第二期500～1 000亩，第三期、第四期，稳步扩大规模；对于某一地区，也应逐步发展，切忌盲目大规模生产。布置生产区、生活区、工作用房、水池、排水沟、内部道路及堆场、绿化等，设计好种苗、栽培、果品采后处理、加工等。

（3）重视基础设施建设。首先做好土地整理和土壤改良，荒坡地利用机械深翻，深度在 1.0 米以上；局部梯改坡，方便机械进出，同时控制水土流失。根据土壤状况，制定土壤改良方案，增施有机肥，提高土壤肥力，为绿色种植、生产高品质樱桃打好基础。配套必要的水利设施和灌溉系统，包括蓄水池、排水沟、微滴灌系统等。支架辅助系统，防倒伏、拉枝、防雨棚等。休闲果园还要重视绿化、美化，加工场地、生活用房等，把美丽的园景和生产、观光、旅游结合为一体。

（4）樱桃园良好管理规范。应有统一或相对统一的组织形式，管理、协调樱桃种植良好操作规范的实施。组织形式包括公司化组织管理、公司加基地加农户、专业合作组织、家庭农场、种植大户牵头的生产基地、田园综合体等。

应建立与生产规模相适应的组织机构，包括生产、加工、销售、质量管理、检验等部门，并有专人负责。明确各管理部门和各岗位人员职责。

应由具备相应专业知识的技术人员，负责技术操作规程的制订、技术指导、培训等工作。必要时可以外聘技术指导人员指导相关技术工作。由熟知樱桃生产相关知识的质量安全管理人员，负责生产过程质量管理与控制，应由本单位人员担任。

应建立质量安全管理规定和可追溯系统，来保证各项操作的有序实施。操作规程应简明、清晰，便于生产者领会和使用，其内容应包括：从栽培到采收、贮藏的生产操作步骤；采用生产关键技术的操作方法，如修剪、施肥、病虫草害防治、采收等。可追溯系统：樱桃生产批号应以责任单元中生产的栽培品种为基本单位，并作为生产过程各项记录的唯一编码。生产批号以保障溯源为目的，可包括种植产地、基地名称、产品的类型、田块号、采收时间等信息内容。

生产记录应如实反映生产真实情况，并能涵盖生产的全过程。生产过程记录包括：①农事管理记录，以农户和田块为主线，按樱桃生产的操作顺序进行记录，主要包括品种、修剪、病虫草害发生防治记录、投入品使用记录、采收日期、产量、贮存和其他操作；②投入品使用记录，包括投入品名称、供应商、生产单位、购进日期和数量；肥料、农药的领用、配制、回收及报废处理记录；③贮存记录，包括采收日期及其品种、分级、冷库地点、贮存日期、批号、进库量、出库量、出库日期及运往目的

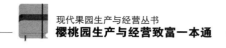

地等。

3. 投资估算 投资估算包括规划设计、土地整理、土壤改良、苗木购置、农资购置、建筑工程、设备购置及相应的安装、人员工资等费用、流动资金等，标准化规模种植预计每亩投资应在 1.0 万～2.0 万元。

第二章
樱桃优良品种

樱桃果园经营，品种选择至关重要。品种包括砧木品种和接穗品种，是果园结果早晚、产量高低的基础。依据立地条件和栽培管理水平选择适宜的砧木品种和优良的接穗品种是樱桃生产的核心技术。我国樱桃栽培，最根本的问题就是缺乏适宜的砧木和优良的接穗品种。山东甜樱桃传统栽培，主要砧木为小樱桃实生苗和根蘖压条苗，表现根系浅，雨季流胶病普遍发生，根茎腐烂病发生严重，造成树势衰弱，甚至死树，果园缺株断垄，园相不整齐；主栽接穗品种为红灯，表现果实硬度小、不耐运输、病毒病严重、畸形果率高。产业发展急需更新砧木品种和接穗品种。

一、品种选择

1. 砧木品种选择　樱桃栽培，传统种植砧木主要为实生繁殖，我国主要采用小樱桃、山樱桃。欧美国家多选择马扎德、马哈利、酸樱桃及其衍生优系。现代栽培，砧木主要为无性繁殖，而且多数为种间杂种，例如，考特亲本为甜樱桃×中国樱桃；吉塞拉（Gisela，以下简写为 G）系列为几个种之间的杂交，G3、G5、G6、G7、G13 亲本为酸樱桃×灰毛樱桃，G4 亲本为甜樱桃×草原樱桃，G12、G11 亲本为灰毛樱桃×酸樱桃，G17 亲本为灰毛樱桃×马扎德，G10 亲本为草原樱桃×酸樱桃；德国

Piku 3 亲本为中国樱桃×（灰毛樱桃×豆樱）；波兰 P‐HL‐A 亲本为甜樱桃×酸樱桃；俄罗斯 Krymsk6（以下简写为 K6）亲本为酸樱桃×（酸樱桃×斑叶稠李），Krymsk5（以下简写为 K5）亲本为草原樱桃×毛叶山樱。砧木总的发展趋势是矮化、早实、抗逆。樱桃砧木按嫁接甜樱桃树体大小，可以划分为乔化、半乔化、半矮化、矮化 4 种类型，具体情况：乔化砧木有马哈利、考特、山樱、大青叶、兰丁 2 号；半乔化砧木有 G6、G12、ZY‐1、K5；半矮化砧木有 G5、K6；矮化砧木有 G3。

当前，甜樱桃生产中，普遍存在难以选择适合本地的优良砧木品种。各产区育苗商多以当地已有资源为主选择砧木，例如，山东烟台以大青叶压条苗为主，临朐以考特扦插苗为主，泰安地区以吉塞拉系列扦插苗为主；辽宁大连地区以小叶马哈利和本溪山樱实生苗为主；河南郑州繁殖 ZY‐1；北京推出兰丁 2 号，种植者该如何选择砧木成为难题。

（1）根据砧木对树体的影响来选择适宜的砧木。抗逆性方面，抗旱、耐涝、抗寒、抗病虫能力不同；树体生长方面，嫁接甜樱桃新梢长势、叶片生长、树体大小不同；花芽形成方面，早花、密度、质量、花期、晚霜敏感性差异显著；果实外观质量，表现在大小、颜色、硬度、耐贮性不一致；产量方面，早期产量、稳产性因砧木而异。

①抗逆性方面。从抗逆性看，不同砧木抗旱、耐涝、抗寒、抗病虫能力不同。一般认为马哈利抗旱能力突出，抗寒能力强，但忌黏重土壤；吉塞拉系列砧木土壤适应范围广，如一般砧木忌黏重土壤，而吉塞拉砧木却能很好地适应黏土；常用吉塞拉砧木 G5、G6、G12 具有良好的抗旱、耐涝、耐盐碱性，适应多种土壤类型；牛爱国等采用组培技术，研究了对樱、CAB、G5、G6、Colt 5 种砧木组培生根苗的酸、碱、盐适应性，结果表明，Colt 耐酸性最强，G5、G6 耐碱性最强，G5 耐盐性最强，认为 G5、G6 既耐酸碱又抗盐，建议在土壤 pH 4.5～8.5、NaCl 0.3% 以

下建园以 G5、G6 为宜；G6 具有很强的耐涝性；吉塞拉系列砧木抗寒性极强，一般认为均优于 Colt，李勃等采用电导法和恢复生长法对 4 种砧木（G5、G6、Colt 和山樱桃）枝条抗寒性进行了初步鉴定，表明 G5 抗寒性最强，深度休眠时能耐－32.5℃低温，其次是 G6，再次是山樱桃，而 Colt 抗寒性最差；大青叶不抗涝，雨季流胶、根茎腐烂病容易发生；ZY－1 根蘖苗发生较多。

②树体生长和早实丰产方面。无论哪种砧木，都应确保树体生长健壮，才能生产优质大果，树势衰弱时成花容易，结果多时果个小、质量差。一般认为，乔化砧木，如马扎德、考特、马哈利，树体生长势强，树体健壮，适宜地区树体生命周期长，可以达到 30～50 年以上，但成花晚，进入结果期晚，尤其嫁接树势强的品种，投资回报慢；矮化砧木，如 G5，早实性好，容易丰产，但树势容易衰弱，需要加强肥水和干枝平衡管理，控制负载量，才能保持较长的结果年限。

（2）因地制宜选择砧木。依据当地的土壤、气候和管理水平、栽培模式选择适宜的砧木类型。例如，南方云贵川高海拔地区和江浙沪部分地区，虽降水量不大，但雨季多为梅雨，连续降水，土壤水分容易饱和，加之土壤多黏性大，根系呼吸困难，应选择适应性强的吉塞拉系列，如 G5、G6 等；当地小樱桃或山樱虽能适应当地土壤气候条件，但作为砧木时多数成花迟、结果晚、产量不高。北方山岭薄地，特别是丘陵沙壤地，土壤瘠薄，有机质含量低，保肥保水能力差，建议选择生长势旺、根系深的抗旱砧木为宜，如马哈利、考特等；土壤肥力较好、透气性较好的平原地区，选择半矮化、半乔化砧木，如 G6、G12、G5 等。设施栽培，简易日光温室或塑料大棚新建高密园片，建议以吉塞拉砧木为宜；移栽美早成龄树，马哈利或考特根系断根后树势受到一定影响，表现结果良好；采用防雨棚矮化密植早实栽培，一般行距相对较小，建议选择 G6 砧木。

美国传统砧木为马扎德，属乔化砧木，约占50%，树体健壮，适应性强，经济寿命长。新型砧木，如德国吉塞拉系列，包括G5、G6、G12、G3；俄国育成砧木品种，包括K5、K6。美西北俄勒冈州，按照矮化程度，以乔化砧木马扎德作为标准，各个砧木嫁接树体由小到大为：G3（30%）＜G5（50%）＜G12（60%～70%）＜K6，K5、G6大小相似。目前，G12和G6最受欢迎。砧木决定了樱桃树体的大小和产量，品种决定风味也决定产量，种植的关键取决于营养（水肥）、灌溉和修剪三大要素。

2. 接穗品种选择 现代果园生产经营，需要更快的投资回报，提高生产率。

（1）考虑品种的早实丰产性。矮化砧木至关重要，早实品种同样重要。我国当前主要栽培品种红灯、美早均不算早实丰产品种，尤其是美早表现结果晚、丰产性差，不应作为主栽品种发展，而布鲁克斯、塞维、雷尼、拉宾斯等开始结果早，丰产稳产，应大力推广。

（2）考虑果实品质。果实大小、硬度、风味和色泽是重要的品质特征。

①果实大小。果实大小是消费者对樱桃的主要感观评价，与品种、负载量、叶面积等有关。评价方式包括果重、直径。大果类型品种有早大果、明珠、布鲁克斯、美早、萨米脱、艳阳、斯基娜、吉美等。

②果实硬度。果实硬度是新的栽培要求，指果皮和果肉的综合测量值，传统上用肖氏硬度计来测定，目前，通过测量挤压果实表面下凹1.0毫米所需的压缩力来测定硬度。如宾库是一个标准的栽培品种，果实硬度为170克/毫米，然而，甜心的硬度为299克/毫米。硬度大的品种有秦林、布鲁克斯、珊瑚香槟、黑珍珠、甜心、柯迪亚等。北美地区甜樱桃果实评价见表2-1。

表 2 - 1　俄勒冈州甜樱桃栽培品种系果实评价

品种	成熟期 （日/月）	可溶性固形物 含量（%）	果实直径 （毫米）	平均硬度 （克/毫米）	评价
秦林	24/6	17.5	26.97	327.23	
马基特（Margit）	28/6	18.5	27.78	251.5	好
SPC - 136	7/7	17.4	27.61	257.4	很好
宾库	7/7	18.2	27.33	236.2	
本顿	7/7	18.1	29.6	276.2	极好
柯迪亚	11/7	17.8	27.47	288	好
PC8012 - 9	13/7	21.6	30.37	314	极好
斯科耐得（Schneider）	13/7	18.1	30.1	249.32	好
雷尼（Rainier）	13/7	20.9	30.26	242.65	
0900（Zirrat）	13/7	17.6	30.34	228.1	极好
拉宾斯（Lapins）	17/7	17.1	27.39	279.1	
雷洁娜（Regina）	23/7	18.9		285.4	
星尘（Stardust）	21/7	18.7	29.55	225	好
13S - 49 - 24	21/7	20.8	30.65	229.4	好
西拉（Selah）	21/7	20.2	31.39	319.4	极好
斯基娜（Skeena）	21/7	17.5	31.27	357.6	好
NY304	23/7	21.3	30.24	256.2	极好
甜心	24/7	16.7	27.03	382	
SPC - 207 - 6	31/7	22.3	30.03	317.8	好
PC - 7064 - 3	4/8	21.7	31.79	256.6	好
SPC - 103	11/8	18.9	28.2	432.8	好

③果实风味。果实风味由可溶性固形物含量、可滴定酸度和 pH 来确定，感官评价，一般认为可溶固形物含量 17%～19%、果汁 pH 3.8 的果实口味佳。布鲁克斯、塞维口感脆甜，属低糖低酸类型；萨米脱口感酸甜味浓，属高糖高酸类型。欧洲地区甜

樱桃品种果实评价见表2-2。

表2-2 博洛尼亚大学甜樱桃品种果实评价

品种	成熟期（天）	单果重（克）	平均硬度（克/毫米）	可溶性固形物含量（%）	酸度（克/升）
丽塔（Rita）	-8	7.9	230	14.9	5.32
早甜（Sweet Early）	-2	9.7	280	14.5	4.75
布莱特（Burlat）	0	7.6	280	17.2	6.03
Ferpin	+4	8.9	350	16.5	6.13
维拉（Vera）	+8	9.9	600	16.5	8.13
丽星（Grace star）	+10	10.3	460	19.8	9.64
乔琪亚（Giorgia）	+12	8.9	510	17.2	9.93
塞拉赛特（Celeste）	+12	10.3	520	14.6	8.71
黑星（Black Star）	+16	10.4	480	22.0	6.03
阿依达（Aida）	+18	9.9	710	21.9	8.31
Techlovan	+20	8.4	450	19.9	7.60
柯迪亚	+22	8.7	500	19.9	6.91
罗维亚（Ferrovia）	+24	10.5	460	16.8	6.54
拉宾斯（Lapins）	+26	9.5	440	21.5	7.45
雷洁娜	+30	9.7	690	19.2	7.33
吉莫斯（Germersdorfer）	+30	10.6	390	17.4	6.64
甜心	+35	8.9	550	20.2	9.05
艾丽克斯（Alex）	+38	9.1	600	22.0	9.75

④果实色泽。果实色泽包括颜色和光泽，颜色分为浅色至深色、黄色、黄红色、红色、深红色、紫黑色等，例如，13-33为纯黄色品系；雷尼、佳红、红南阳、佐藤锦、彩玉、红手球、红蜜为浅色品种；黑珍珠、秦林、拉宾斯等为深色品种。

（3）考虑抗逆境胁迫。樱桃易受冬季冻害、春季晚霜冻和夏季高温及秋末冬初的低温危害；春秋旱害，雨季涝害严重，应选择适应性强的品种作为主栽品种，如国际主推品种宾库、拉宾斯、雷尼，世界各地广泛栽培，均表现适应性强、果实商品属性好、优质果率高。南方地区，应选择低需冷量品种，如布鲁克斯、珊瑚香槟、罗亚明、罗亚莉等。

（4）考虑抗遇雨裂果能力。许多樱桃发展地区，遇雨裂果是一个主要问题。某些品种表现出一定的抗遇雨裂果能力，如秦林、柯迪亚、雷洁娜、拉宾斯等。

（5）考虑采收期。处于成熟期两端的樱桃价格高。目前，甜樱桃果实发育期一般在 $30\sim90$ 天，如早红宝石、早露、齐早、早玉等，果实发育期 $30\sim40$ 天，为特早熟品种；甜心、晚红珠、吉美、柯迪亚、拉宾斯等品种的果实发育期在 $65\sim80$ 天，为晚熟品种。

（6）选择自交亲和品种。甜樱桃同一品种自花授粉结实且能满足生产需求，称为自花结实或自交亲和。自交亲和对产量具有重要影响，栽培自交亲和品种是解决樱桃园结实率低的有效方法，而且自交亲和品种在生产上丰产性好，还可以作为授粉品种。选择自花结实品种，可以免除授粉树的配置和人工辅助授粉等繁杂工序，同时有效减轻花期不良天气的影响，实现丰产稳产，特别适合设施栽培或庭院栽培。

甜樱桃第一个自交亲和的种质是英国约翰因尼斯研究所（John Innes Institute）的刘易斯（D. Lewis）在 1949 年用辐射诱变技术获得，以法兰西皇帝（Emperor Francis）作母本，与X-射线辐射诱变的那翁花粉作父本进行杂交，获得了 JI 系列自交亲和品系 JI2420、JI2434EM、JI2434AH、JI2538 等，研究表明，JI 系列自交亲和品系的 S_4 基因位点辐射变异为 S'_4，S' 代表花粉中 S 基因活性丧失或不表达，花粉管在花柱内的生长将不受S 等位基因控制而受精结实。加拿大太平洋农业食品研究中心夏地试验站以兰伯特（Lambert）为母本，与 JI2420 杂交，于

1968 年命名推出世界上第一个商品化的自花结实品种斯得拉。之后，各国广泛重视自花结实新品种的培育，并育成了一系列新品种。世界各国育成的自交亲和主要品种见表 2-3。我国引进的自花结实良种有斯得拉（Stella）、拉宾斯、艳阳（Sunbust）、桑提娜、甜心等。目前，美国、加拿大等国家新推广品种自交亲和品种占很大比例，例如，美国俄勒冈州推广部门向生产推广的15 个品种中，包括 3 个浅色品种和 12 个深色品种，其中，8 个为自交亲和品种，一般折合亩产 1 500 千克。

表 2-3　甜樱桃自交亲和主要品种

序号	品种（系）	基因型	亲本	育成国家
1	斯得拉	$S_3S'_4$	兰伯特×jI2420	加拿大
2	紧凑型斯得拉	$S_3S'_4$	X-射线照射斯得拉	加拿大
3	拉宾斯	$S_1S'_4$	先锋×斯得拉	加拿大
4	艳阳	$S_3S'_4$	先锋×斯得拉	加拿大
5	新星	$S_1S'_4$	先锋×斯得拉	加拿大
6	甜心	$S_3S'_4$	先锋×新星	加拿大
7	桑提娜	$S_1S'_4$	斯得拉×萨米脱	加拿大
8	塞拉塞特	$S_1S'_4$	先锋×新星	加拿大
9	桑德拉玫瑰（Sandra Rose）	$S_3S'_4$	（星×先锋）×艳阳	加拿大
10	塞纳特（Sonata）	$S_3S'_4$	拉宾斯×（先锋×斯得拉）	加拿大
11	斯基娜（Skeena）	$S_1S'_4$	（宾库×斯得拉）×（先锋×斯得拉）	加拿大
12	交响乐（Symphony）	$S_1S'_4$	宾库×拉宾斯	加拿大
13	斯德卡图（Staccato）	$S_3S'_4$	甜心×未知	加拿大
14	星尘（Stardust）	$S_1S'_4$	2n-63-20×斯得拉	加拿大
15	万达蕾（Vandalay）	$S_3S'_4$	先锋×斯得拉	加拿大
16	格莱西尔（Glacier）	S'_4S_9	布莱特×斯得拉	美国
17	因代科斯（Index）	$S_3S'_4$	斯得拉×O.P.	美国

（续）

序号	品种（系）	基因型	亲本	育成国家
18	斯达克瑞姆森（Starkrimson）	$S_3S'_4$	Garden Bing×斯得拉	美国
19	哥伦比亚（Columbia、Benton）	S'_4S_9	Beaulieu×斯得拉	美国
20	西拉（Selah）	$S_3S'_4$	（雷尼×宾库）×斯得拉	美国
21	黑金（Black Gold）	S'_4S_6	Starks Gold×斯得拉	美国
22	桑德尔（Sandor）	S'_4S_9	布莱特×斯得拉	匈牙利
23	彼得（Peter）	S'_3S_4	布莱特×斯得拉	匈牙利
24	派奥（Pal）	S'_4S_9	布莱特×斯得拉	匈牙利
25	亚历克斯（Alex）	$S_3S'_3$	先锋×John Innes2420	匈牙利
26	早星（Early Star）	S'_4S_9	布莱特×紧凑型斯得拉	意大利
27	居星（Grace Star）	S'_4S_9	布莱特×O. P.	意大利
28	灿星（Blaze Star）	S'_4S_6	拉宾斯×Durone Compatto di Vignola	意大利
29	罗马佳人（Dame Roma）	S'_4S_{13}	Black Douglas×斯得拉	澳大利亚
30	克里斯它巴丽娜（Cristobalina）	S_3S_6		西班牙

二、甜樱桃优良品种

1. 砧木种类

（1）推荐砧木。

①吉塞拉（Gisela，G）系列。德国吉塞市（Giessen）Justus Liebig 大学杂交育成。20 世纪 60 年代，以酸樱桃、甜樱桃、灰毛樱桃和草原樱桃等几种樱亚属植物进行种间杂交，获得 6 000余株杂种实生苗，通过评价、鉴定，初选出 200 余株进行扩大繁殖，进一步确定其矮化性、亲和性、抗病性、萌蘖性和早实性。美国和加拿大 1987 年成立砧木比较试验合作组，引进 17 个吉塞拉优系进行试验，1995 年筛选出 4 个吉塞拉矮化砧木在

生产上推广应用，分别是 G5、G6、G7、G12。特点是：与甜樱桃嫁接亲和力强；嫁接的甜樱桃早果性、丰产性好；对常见的樱桃细菌性、真菌性和病毒病害均具有很好的抗性，包括根癌病、流胶病、李矮缩病毒（PDV）病和李属坏死环斑病毒（PNRSV）病；对土壤的适应范围广，一般砧木忌黏重土壤，但吉塞拉砧木能够适应黏土；萌蘖数量少，固地性好。近几年又推出了 G3、G4 和 Gi 195/20，G13、G17，其中，G3 比 G5 更矮化，Gi 195/20 为甜樱桃与草原樱桃杂交育成，半矮化。

G5 为半矮化砧，以酸樱桃为母本，与灰叶毛樱桃杂交育成。树体开张，分枝基角大。其突出的优点是早果性极好，嫁接的甜樱桃第二年开始结果；缺点是要求很好的土壤肥力和水肥管理水平，否则容易出现早衰，并需立柱支撑。适合黏沙土壤。对 PDV 和 PNRSV 具有很好的抗性。结果多时，果个小，采用正确的修剪、肥水和病虫害防治管理，保持健壮的树体，可以平衡负载量并保证果实的正常大小。

G6 属半乔化砧，酸樱桃与灰叶毛樱桃杂交育成。具有矮化、丰产、早实性强、抗病、耐涝、土壤适应范围广、抗寒等优良特性。树体开张，开花早、结果量大。适应各种类型土壤，固地性能好，在黏土地上生长良好，萌蘖少。

G12 以灰叶毛樱桃为母本、酸樱桃为父本杂交，1981 年选出，德国 CDB（Consortium of German Nurseries）和美国获得专利授权。嫁接树大小类似 G6 或大于 G6，结果表现丰产，但较 G5 与 G6 产量低，果实个大，可以考虑嫁接自花结实品种。抗病毒，很少流胶病发生。

G13 嫁接甜樱桃，树体生长势与 G6 近似，比 G12 旺。与 G5 比较有许多优势，分枝角度大，没有根蘖，早实。亲本与 G3、G5、G6 相同，也是酸樱桃与灰叶毛樱桃杂交育成，1991 年选出，2013 年获得专利。产量表现优于 G6，尚未有不良报道。

G17 亲本为灰叶毛樱桃与马扎德，1970 年杂交，1985 年选出，2013 年获得专利。由于亲本有生长势强的野生甜樱桃，比与酸樱桃作亲本的长势旺，是吉塞拉系列中生长势最旺的，嫁接树是在 F12/1 砧上的 70%～80%，更加早实，嫁接树干径较 G3、G5、G6、G13 大，由于树体健壮，果实个大，嫁接自交亲和品种是可能的。由于好的亲和力和健康树体，甚至可以取代 Ma×Ma14，在北美和德国试验证明早实丰产。抗 PDV 和 PNRSV。

②马哈利（Mahaleb）。马哈利是欧美各国最普遍应用的甜樱桃的砧木，我国大连、陕西等地区应用较多。

马哈利枝条细长，分枝多；叶片小，圆形或卵圆形，有光泽；果实小，紫黑色，离核，味苦涩，不能食用。马哈利砧木，多用种子播种繁殖，每千克种子粒数达 6 000～8 000 粒，经沙藏处理后，发芽率可达 90%。出苗率高，幼苗生长整齐，播种当年可供芽接株率达 95% 以上，与甜樱桃嫁接亲和力强，有小脚现象，苗木生长健壮，成苗快，嫁接甜樱桃时砧木干留高些有一定矮化作用。幼树根系发达，成龄后，粗根较多，多向下伸展，树体生长健壮，树冠扩大较快，但嫁接品种结果晚，嫁接红灯一般 4～5 年结果，8 年后才能进入盛果期，大量结果后，树势易衰弱，甚至死树。抗旱、耐瘠薄，但不耐涝，在黏重土壤生长不良；耐寒力很强。根癌病、萎蔫病和细菌性溃疡病比马扎德轻。不适宜潮湿、黏重的土壤。有小脚现象。

③考特（Colt）。英国 1958 年用甜樱桃和中国樱桃杂交育成，1971 年推出 3 倍体考特，$3n＝24$。1986 年引入山东临朐。与甜樱桃、酸樱桃和中国樱桃亲和性都好，嫁接树分枝角度大，易整形，初期树势较强，随树龄增长逐渐缓和，进入结果期树势中庸。结果早，好管理，坐果率较高，丰产，坐果多时果个变小。根系发达，水平根多，须根多而密集，固地性强，抗风力强。对土壤适应性广，在土壤肥沃、排灌良好的沙壤土上生长最

佳，对干旱和石灰性土壤适应性有限。抗病性强，抗假单胞属细菌性溃疡病。

考特最大的优点是硬枝和嫩枝扦插都容易繁殖。分蘖力和生根能力均强，扦插和组织培养繁殖容易，栽植成活率高。与大青叶比较，枝条较脆，毛细根多，且多呈水平分布，大青叶枝条较软，根系多下垂状。

杂种 3 倍体考特在世界其他地区并未表现矮化，东茂林试验站进一步化学诱导，1987 年获得 6 倍体考特，$6n=48$。试验看出，6 倍体考特嫁接甜樱桃树体长势是对照砧木的 75%，而且更容易繁殖。

④兰丁 2 号。北京市农林科学院林业果树研究所樱桃研究室应用远缘杂交技术育成，亲本为甜樱桃和中国樱桃。扦插容易繁殖。在北京、烟台、潍坊、郑州、辛集、秦皇岛等地进行测试表明，兰丁 2 号生长旺盛，根系发达，根蘖少，固地性好，抗根癌能力强，抗重茬，耐瘠薄，较耐盐碱，耐褐斑病，土壤适应性强。嫁接树整齐度高，形成树冠快，早实丰产。

（2）其他砧木种类。

①中国樱桃。中国樱桃类型繁多，品种资源丰富，分布广，中国樱桃繁殖容易，播种、分株、压条、扦插皆可，与甜樱桃嫁接亲和力强，成活率高。中国樱桃实生苗较抗根癌病，但病毒病较重。用健康树作为母树无性繁殖的苗生长健壮，几乎无病毒病症状。目前，生产上常用的是大青叶、草樱桃、大窝娄叶、陕西玛瑙等。

草樱桃是中国樱桃的一种类型，树势强，树姿开张。除用种子繁殖外，也可用分株、压条、扦插等方法繁殖。草樱桃主根不发达，固地性差，易倒伏；抗涝能力差，雨季土壤黏重，容易流胶；与甜樱桃嫁接亲和力较强，无大小脚现象，嫁接树生长发育健壮。

②本溪山樱。辽宁省农业科学院园艺研究所和本溪果农从辽

东山区野生资源中筛选出的。本溪山樱主要分布于辽宁省本溪、宽甸、凤城、丹东等地，山东昆嵛山区也有分布。山樱桃为高大乔木，树高15～20米。每千克种子粒数10 000～12 000粒，种子发芽率高达90％以上，播种当年砧苗生长健壮，可供芽接株率达80％以上。实生苗未发现有病毒病，根系发达，对土壤适应能力强，耐瘠薄，抗寒、耐旱性强，在沈阳可正常越冬。与甜樱桃嫁接亲和，成活率高，结果早，但嫁接口小脚现象严重，结果树的树冠略小于大青叶，不抗涝，根癌病较重。

③马扎德（Mazzard）。马扎德产于欧洲西部，在欧洲用作甜樱桃砧木已有2 000多年的历史，美国18世纪开始使用，为北美地区应用最普遍的甜樱桃砧木。种子繁殖，每千克种子数5 000～6 000粒，种子发芽率高，可达80％以上。生长旺盛，树势强健。用马扎德作砧木嫁接的树体寿命长，产量高，固地性强，耐瘠薄、耐黏重土壤、耐旱、耐湿。主要缺点是树冠大、进入盛果期晚，对细菌性溃疡病、萎蔫病、根瘤病和褐腐病均敏感。

F12/1砧木是马扎德中选出的优良无性系，对假单胞菌属细菌引起的溃疡病有较强抗性，但易感细菌性根癌病。与马扎德实生砧比较，分枝角度大，结果早，但抗寒力较低。在美国太平洋沿岸各州用作砧木高接甜樱桃。

④酸樱桃。树体为乔木，树势强，每千克种子粒数5 000～6 000粒。其特点是树下易生根蘖，但甜樱桃嫁接后分蘖减少。多用实生播种繁殖，种子发芽率高，也可用分蘖苗繁殖。与甜樱桃嫁接亲和力强，嫁接株生长良好，并有矮化倾向，只是嫁接后有上粗下细的小脚现象。该种砧木对土壤适应性强，抗寒耐涝。

⑤CAB系列。CAB系列是意大利从酸樱桃中选出的品系，其中CAB-6P和CAB-11E为半矮化砧，其生长量比马扎德小20％～30％。与主栽甜樱桃嫁接亲和性极好，适应性广，根系发达，早果性、丰产性、稳产性非常明显。

⑥M×M 系列。M×M 系列为美国俄勒冈州从马哈利的实生苗中选出。在美国果园该砧木的根蘖苗较多，而在法国则少一些，在美国该砧木的早果性不如考特。

M×M14 是该系列中最矮化的选系，生长量为马扎德无性系 F12/1 的 $40\%\sim60\%$。在法国，表现出抗石灰土引起的叶片黄化，比法国选出的 SL.64 早两年结果，抗根腐病的两个种和细菌性溃疡病。

⑦Pi‑Ku 系列。德国 Dresden‑Pillniz 果树研究站育成欧洲甜樱桃矮化砧木 Pi‑Ku 系列，其中，以 Pi‑Ku 4.20 为砧木嫁接的欧洲甜樱桃品种的树冠为马扎德作砧木的 $50\%\sim60\%$，其矮化效果、早果性、丰产性、果实大小等方面与 G5 作砧木很相似。

⑧Weiroot 系列。德国 M.Feuchts 教授从欧洲酸樱桃实生苗中选出表现一定矮化作用的第一代砧木 Weiroot 系列，最矮化的是 W72，其次是 W53，这些砧木的矮化性能和丰产性能略优于考特和马扎德，但不如 G5，而 Rolf Stehr 博士认为 W158 可以与 G5 相媲美。

⑨DAN 系列。1986 年，丹麦从酸樱桃中选出 20 个具有矮化性状的无性系砧木，其中 11 个有希望的砧木在实验中定名为 DAN 系列。较理想的为 DAN6 号和 12 号，树冠的体积是以考特为砧木的 58%，丰产性也好。

⑩凯米尔（Camil，代号 CM79）。比利时育成，从灰叶毛樱桃自然杂交实生苗中选出，矮化程度为 F12/1 树冠的 50% 或 $2/3$。该砧木固地性好，不用支架，与大多数品种嫁接亲和力强，丰产性好，开花早，成熟期比 F12/1 早 7 天，果实品质好。

⑪戴米尔（Damil，代号 CM61/1）。比利时育成，与大多数品种亲和力强，矮化程度一般，易繁殖，根蘖很少或没有，树冠的体积仅是 F12/1 的 50%，丰产性好。

⑫Edabriz。1989 年法国甜樱桃矮化砧木 Edabriz。Edabriz

可用半木质化枝条扦插和组织培养繁殖，与所有的甜樱桃品种嫁接亲和力都强，与酸樱桃的亲和性也很好，其嫁接树非常矮化，生长量只有马扎德 F12/1 的 15%～20%，但矮化程度不稳定，在一些地方树体大小为马扎德 F12/1 的 60%。该砧木早结果、丰产，适于壤土和黏土种植；但在干旱地区特别是在高 pH 的园地生长不旺。抗风性较差，不适宜在高温和干旱的地区栽培。

2. 优良接穗品种　我国传统栽培甜樱桃品种，多数果肉软，不耐运输，货架期短，商品属性差。目前，接穗品种结构不合理，表现在早熟品种占比过大，红灯占 50% 以上，成熟时果肉较软；采收早时颜色浅，糖度低；畸形果率高，特别是病毒染病率较高。新发展的主推品种美早结果晚、中产、味淡；萨米脱果皮薄，容易出现碰压伤，影响货架期和商品质量。各产区采收期过于集中，不同产区使用几乎相同的主栽品种，早、中、晚熟品种搭配不合理。

下一步应重点推广果个大、硬度高、颜色深、抗性强、树体健壮、丰产稳产的优良品种，尤其注意发展自交亲和品种。

（1）国内外栽培品种。国际上，美国华盛顿州立大学调查认为，世界上最受欢迎的甜樱桃传统品种主要有宾库、那翁、布莱特、先锋、兰伯特、拉宾斯、雷尼等；世界上最受欢迎的新品种主要是柯迪亚、萨米脱、雷洁娜、斯基娜、塞尔维亚（Sylvia）和甜心。欧洲较受欢迎的甜樱桃品种为柯迪亚、维斯塔（Vista）、甜心、艳阳。

美国是世界上甜樱桃栽培最先进的国家，栽培品种主要有宾库、先锋、雷尼、拉宾斯、秦林、甜心、斯基娜、布鲁克斯等，多数为深红色品种，只有雷尼为浅色品种，主要为早实、大果、丰产、硬肉类型品种。据报道，2006 年华盛顿州甜樱桃未结果幼树中，甜心占 34.3%、斯基娜占 14.3%、宾库占 12.8%、秦林占 11.3%、雷尼占 8.5%，其他甜樱桃品种占 20%；俄勒冈州甜樱桃品种主要栽培品种为宾库、甜心、RoyalAn 和拉宾斯，占其总栽培面积的 2/3，甜心和斯基娜是俄勒冈州最受欢迎的品种；加利福尼亚州主要栽培品种为宾库，2005 年占比 66％，至 2015 年宾库占比下降为 40％；布鲁克斯在加利福尼亚州南部地区快速发展，布鲁克斯和珊瑚香槟占 1/3；近几年格伦红（Glenred，也称为红杉），深受欢迎。其他品种包括图莱（Tulare）、红宝石（Ruby）等。

尽管各个国家都存在许多甜樱桃栽培品种，但在大多数国家，主栽品种一般为一个，其他新引种的品种较难受到重视。例如，土耳其的主栽品种为中晚熟的 Ziraat 0900，法国的主栽品种为 Bigarreaux，智利和阿根廷的主栽品种是宾库。在美国，宾库是深色品种的主栽品种，它的主导地位已受到许多新品种的威胁，雷尼在浅色甜樱桃品种中一直占主导地位，在早熟品种中，布鲁克斯、秦林和美早威胁着宾库的主导地位，而在晚熟甜樱桃品种中甜心和斯基娜所占比例较大。西班牙的无柄皮科塔（Picota）樱桃最著名，它包括一系列不同的甜樱桃品种。柯迪亚在许多欧洲国家都很受欢迎。

目前，国内生产上甜樱桃栽培主要品种有红灯、红蜜、红艳、佳红、布莱特、早大果、美早、龙冠、先锋、萨米脱、拉宾斯、雷尼、斯得拉、友谊、艳阳、秦樱 1 号、吉美、佐藤锦、那翁、大紫等。主栽品种为红灯、美早、萨米脱。各主产区主要品种如下。

山东：当前主栽品种为红灯，约占 50％。随着品种结构的调整，红灯的比例将逐渐下降，目前，山东半岛甜樱桃晚熟产区主要发展品种为美早、先锋、拉宾斯、桑提娜、萨米脱、黑珍珠、友谊等，砧木为大青叶、考特；鲁中南丘陵早中熟产区主要发展的品种为红灯、早大果、岱红、美早、萨米脱、布鲁克斯、红宝石等，砧木为大青叶、G6、考特。

辽东半岛：红灯、巨红、佳红、明珠、丽珠、美早、萨米脱。

陕西、河南、甘肃、北京：红灯、秦樱1号、龙冠、美早、艳阳、萨米脱、拉宾斯、先锋、吉美。砧木为马哈利、兰丁2号、G6。

（2）近年来培育的甜樱桃良种。我国甜樱桃育种工作起步较晚，早期主要是从美国、加拿大、日本、乌克兰、俄罗斯、匈牙利等国家进行引种，并开展区域试验，筛选出一批适合我国推广的优良品种，如先锋、拉宾斯、早大果、美早等，大大缩短了与甜樱桃育种先进国家的距离。

国际上，加拿大太平洋农业食品研究中心夏地试验站是世界上育成甜樱桃品种最多的单位，自1936年开始甜樱桃育种研究以来，先后培育出先锋、斯得拉、萨米脱、拉宾斯、艳阳、塞尔维亚、甜心、桑提娜、塞拉塞特、斯基娜、柯瑞斯特林娜（Cristalina）、萨巴、桑德拉玫瑰等30多个品种，目前，在全世界范围内广泛引种栽培。加拿大夏地试验站育成的甜樱桃品种见表2-4。

表2-4 加拿大育成品种

品种	注册时间（年）	亲本
先锋	1944	Empress Eugenie 自然实生
斯帕克里（Sparkle）	1945	Empress Eugenie 自然实生
星（Star）	1949	Deacon 自然实生
萨姆（Sam）	1953	V160140 自然实生
Sue	1954	宾库×Schmidt
紧凑兰伯特（Compact Lambert）	1964	兰伯特辐照育种，兰伯特为那翁实生
斯得拉	1968	兰伯特×J. I. 2420
萨勒姆（Salmo）	1970	兰伯特×先锋
坚凑型斯得拉	1973	斯得拉辐照育种
萨米脱	1973	先锋×萨姆

(续)

品种	注册时间 （年）	亲本
拉宾斯	1984	先锋×斯得拉
艳阳	1984	先锋×斯得拉
新星（Newstar）	1988	先锋×斯得拉
塞尔维亚	1988	先锋×斯得拉
甜心	1994	先锋×新星
桑提娜	1996	斯得拉×萨米脱
塞拉塞特	1996	先锋×新星
柯瑞斯特林娜（Cristalina）	1996	Star×先锋
桑巴（Samba）	1996	2S-84-10×斯得拉
桑德拉玫瑰	1996	2C-61-18×艳阳
索纳塔（Sonata）	1996	拉宾斯×2N-39-5
斯基娜	1996	2N-60-07×2N-38-32
交响乐（Symphony）	1996	拉宾斯×宾库
夏珠（Summer Jewel）	1997	
萨嫩特（Sonnet）	1998	
萨特［Satin（Sumele）］	2000	
斯卡图（Staccato）	2000	甜心自然杂交种子选出
星尘	2001	
瑟维瑞（Sovereign）	2002	成熟期较斯卡图晚几天
塞特娜（Sentennial）	2001	

美国的甜樱桃育种研究主要在华盛顿州、俄勒冈州、加利福尼亚州、纽约州等各主产州大学及部分私人苗圃公司，培育出的主要品种有宾库、雷尼、秦林、美早、哥伦比亚（Columbia，也称为Benton）、西拉、布鲁克斯、红宝石、白金（White Gold）、黑金（Black Gold）等。美国育成的甜樱桃品种见

表2-5。

表 2-5 美国育成的甜樱桃品种

品种	注册时间 （年）	亲本
宾库	1875	实生变异
雷尼	1960	宾库×先锋
奥林巴斯（Olympus）	1990	兰伯特×先锋
秦林	1991	斯得拉×Beaulieu
因代科斯（Index）	1994	斯得拉×Unknown
克什米尔（Cashmere）	1994	斯得拉×早布莱特
西姆科（Simcoe）	1995	斯得拉×Hardy Giant
美早	1998	斯得拉×早布莱特
本顿	2000	斯得拉×Beaulieu
西拉（Selah）	2000	雷尼×宾库
戈耐特（Garnet）	1978	Giant×宾库
红宝石	1978	Hardy Giant×Bush Tartartan
布鲁克斯	1988	雷尼×布莱特
红杉［Glenred（Sequoia）］	2000	Tulare×Brooks
图莱	1987	宾库自然实生的自然实生
白金（White Gold）	2001	Emperor Francis×斯得拉
黑金（Black Gold）	2001	Starks Gold×斯得拉

　　乌克兰也是甜樱桃育种先进国家之一，自19世纪80年代以来，我国先后从乌克兰开始引进甜樱桃优良品种，主要有早红宝石、极佳、抉择、早大果、奇好、胜利、友谊等。此外，匈牙利、意大利、保加利亚、罗马尼亚等也相继育成一批新品种，近些年国内科研部门加强了合作联系，并进行资源交换，正在引种观察。

　　国内，引种选优的基础上，我国各科研单位如大连市农业科学院、烟台市农业科学院、郑州果树研究所、西北农林科技大学、山东省果树研究所、北京市农林科学院林业果树研究所等开展了自主选育，并育成一批优良品种，主要有红灯、红蜜、红艳、佳红、巨红、明珠、丽珠、饴珠、泰珠、早红珠、晚红珠、早露、龙冠、秦樱1号、吉美、岱红、彩虹、春晓、鲁玉、彩玉、福晨、福星等。

（3）建议推广品种。

①秦林。美国华盛顿州立大学育成。早熟、丰产、抗裂果是其特点。

主要经济性状：果实中大，平均单果重8克，最大果重11克；阔心脏形，果顶圆，果个整齐；果皮紫红色至黑色，有光泽，果肉浓红色；果肉硬脆，可溶性固形物含量17%，酸甜适口，品质优；核较小，离核，果实可食率94%；耐贮运，常温下可贮放1周左右。

果实成熟期一致，山东泰安地区5月下旬成熟，比红灯晚5～7天，比先锋早10～12天。

树势中等，坐果过多、果个偏小，砧木可采用考特、马哈利、马扎德。

②布鲁克斯。美国加州大学用雷尼和早布莱特杂交育成，1988年开始推广。山东省果树研究所1994年引进，2007年通过了山东省林木品种审定委员会审定。个大、味甜、丰产是其优点。

主要经济性状：果实大，平均单果重8～10克，果皮厚，完全成熟时果面暗红色，偶尔有条纹和斑点，多在果面亮红色时采收。果肉紧实、硬脆，味甘甜。采收时遇雨易裂果。花期介于布莱特和宾库之间，比宾库早熟10～14天，成熟期一致，畸形果少。树体树姿直立，丰产。授粉品种有红宝石、珊瑚香槟、鲁玉、拉宾斯、雷尼等。

③明珠。大连市农业科学院育成，从那翁和早丰杂交后代优

良株系 10 - 58 的自然实生后代选出，2009 年通过辽宁省非主要农作物品种审定委员会审定并命名。早熟、大果、鲜食品质优良是其突出特点。

主要经济性状：果实宽心脏形，平均果重 12.3 克，最大果重 14.5 克；果实底色稍呈浅黄，阳面呈鲜红色，有光泽。果柄长度 2.3～4.0 厘米，梗洼广、浅、缓，果顶圆、平；果肉浅黄，肉质较软，可溶性固形物含量 22.0%，风味酸甜可口，品质极佳，可食率 93.3%；大连地区，盛花期 4 月中下旬，果实成熟期 6 月上旬。

树势强健，生长旺盛，树姿较直立，芽萌发力和成枝力较强，枝条粗壮。幼树期枝条直立生长，长势旺，枝条粗壮。盛果期后树冠逐渐半开张。一般定植后第四年开始结果，五年生树混合枝、中果枝、短果枝、花束状果枝结果比率分别为 53.1%、24.5%、16.7%、5.7%。花芽大而饱满，每个花序 2～4 朵花，在先锋、美早、拉宾斯等授粉树配置良好的情况下，自然坐果率可达 68%以上。

④桑提娜。1996 年由加拿大推出的自花结实品种，为斯得拉和萨米脱的杂交后代。

主要经济性状：树姿开张，干性较强；结果枝以花束状果枝和短果枝为主，花芽中大、饱满；果实中大，平均单果重 7.6～8.0 克，卵圆形，果柄中长，果皮黑色，果肉硬，味甜，品质中上等，可溶性固形物含量 15.1%；抗裂果；中早熟，果实发育期 43～49 天，5 月 22 左右开始采收，较红灯晚 5～7 天。自花结实，丰产性好。

⑤萨米脱（Summit）。加拿大育成的中晚熟品种，亲本先锋和萨姆，1973 年注册。1988 年烟台果树研究所引进，2006 年通过山东省林木品种审定委员会审定。大连市金州区农业良种示范场 1987 年从日本青森引进，又称为砂蜜豆。

主要经济性状：果实长心脏形，果皮红色至深红色，平均单果重 9.0～12.0 克。肉质较硬，肥厚多汁，可溶性固形物含量 18.5％，可滴定酸含量 0.78％。核椭圆形，中大，离核，果实可食率 93.7％。泰安地区 5 月底至 6 月上旬采收。选择拉宾斯、先锋作授粉树，也可与美早搭配栽培。早实性好，丰产稳产，且成熟期集中。树势强，树姿半开张。

⑥鲁玉。山东省果树研究所选育的硬肉、丰产、中晚熟新品种。

果实大型，10～12 克，肾形；果柄中短、中粗，梗洼广、浅，果顶平；初熟鲜红色，充分成熟紫红色；果肉红色，肉质硬，肥厚多汁，可溶性固形物含量 22.9％，风味酸甜可口，品质上等。泰安地区，一般 3 月中旬萌芽，4 月上中旬开花，开花晚，花期长，开花期较先锋晚 2～3 天，5 月底至 6 月上旬成熟，成熟期较先锋早 5～7 天；为中晚熟品种。

早实性、丰产性好，无畸形果，抗裂果，田间表现抗细菌性穿孔病、褐斑穿孔病。

⑦塞尔维亚。原名 Sylvia，加拿大育成，亲本为先锋×萨姆，基因型为 S_1S_4，1986 年推出，中国农业科学院郑州果树研究所于 2001 年从德国引进，2012 年通过河南省林木品种审定委员会审定。

果实心脏形，紫红色，有光泽，着色均匀一致；平均单果重 9.3 克，果顶微凹，缝合线平。果柄长 3.2 厘米，粗 0.19 厘米。果肉红色，肉质细脆，硬肉型，带皮果肉硬度 0.77 千克/厘米。耐贮运。果与柄较难分离，鲜核重 0.44 克，无核纹。可溶性固形物含量、总糖含量、总酸含量分别为 16.2％、10.2％、0.71％，可食率 92.9％，畸形果率 2.1％，酸甜适口，鲜食品质上等。

树冠中大，生长势中等，萌芽力、成枝力强，枝条短粗，分枝角度较小。具有良好的早果性，初果期以中、长果枝结果为主，进入盛果期以后，以花束状果枝结果为主，中长果枝和短果枝较少。适宜授粉品种为萨米脱、艳阳、柯迪亚、雷洁娜。赛尔维亚花期晚，初果期树可以喷硼肥、赤霉素来提高坐果率。花期高温时，采用微喷灌，能够降低果园温度，有利于坐果。

⑧黑珍珠。烟台农业科学院果树研究所推出，2006 年通过专家鉴定。

主要经济性状：果实个大，平均单果重 8.5～11.0 克，肾形，红色，充分成熟暗红色至紫黑色，有光泽，果顶稍凹陷，果顶脐点大，缝合线色淡，不很明显，两边果肉稍突。果柄长 3.05 厘米。果肉、果汁深红色，肉质脆硬，品质优，可溶性固形物含量 17.5%，耐贮运。易成花，当年生枝条基部易形成腋花芽，粗壮的大长枝条甩放后，易形成成串的花芽，具有良好的早产性。无畸形果，果实在树上挂果时间长，一次即可采收完毕。在烟台地区，6 月下旬果实成熟。

⑨先锋。加拿大 1944 年推出，为世界广泛栽培的中熟品种。在欧洲、美洲、亚洲各国均有栽培。1983 年中国农业科学院郑州果树研究所由美国引入，通过山东省林木品种审定委员会审定。

主要经济性状：树势强健，枝条粗壮，早果性、丰产性较好，不易裂果。果实个大，平均单果重 8.0～8.5 克。果实心脏形，果皮紫红色，光泽艳丽，皮厚而韧。果肉玫瑰红色，肉质脆硬、肥厚、汁多、甜酸可口，可溶性固形物含量 17.0%，风味好，品质佳，可食率达 90% 以上，耐贮运。山东半岛 6 月中下旬成熟，鲁中南地区 6 月上中旬成熟。适宜的授粉树是宾库、那翁、雷尼。先锋花粉量较多，也是一个极好的授粉品种。

⑩雷尼。美国华盛顿州 1954 年以宾库×先锋杂交育成的黄色中熟品种。为美国主栽黄色品种之一。是一个果个大、外形美、品质佳、丰产的优良品种。

主要经济性状：树势强健，枝条粗壮，节间短，树冠紧凑。果实大型，平均单果重 8.0～12.0 克，果形心脏形。果皮底色黄色，着鲜红色晕，光照良好时可全面红色，鲜艳美观。果肉质地较硬，可溶性固形物含量高，风味好，品质佳。离核，核小。抗裂果，耐贮运。山东泰安地区6月上旬成熟。花粉多，自花不育，是优良的授粉品种。

树势强健，树冠紧凑，幼树生长较直立，随树龄增加逐渐开张，枝条较粗壮、斜生。幼树结果早，以中、长果枝结果为主；盛果期树以短果枝和花束状果枝结果为主，丰产稳产。抗裂果。适应性强。

⑪雷洁娜。德国Jork果树试验站1998年推出。

果实近心脏形，果柄中长，平均单果重8~10克，果皮暗红色，果面光泽，果肉红色、质硬，耐贮运，酸甜可口，风味极佳，完全成熟时可溶性固形物含量20%。晚熟，成熟期比先锋晚14~17天，在郑州5月底至6月初成熟。

树势健壮，生长直立，自花不结实，早果丰产中，抗裂果性能强。花期较先锋晚4天。

⑫拉宾斯。加拿大1965年杂交育成，亲本为先锋×斯得拉，自花结实晚熟品种。1988年引入烟台，2004年通过山东省林木品种审定委员会审定。

主要经济性状：平均单果重7~12克，近圆形或卵圆形。果皮紫红色、有光泽、美观、厚而韧，果梗中短中粗，不易萎蔫。果肉红色、肥厚、硬度高、果汁多，可溶性固形物含量16.0%，风味好，品质佳，烟台地区6月下旬成熟。不易裂果。花期早且长，可作授粉树。

树势健壮，树姿较直立，树体紧凑，为短枝型品种，树冠为普通树形的2/3，幼树生长旺。早实性好，丰产。

⑬友谊。山东省果树研究所1997年从乌克兰购买引进的专利品种，2007年通过了山东省农业品种审定委员会的审定。

主要经济性状：果实个大，单果重10.8克；近圆形，果顶平圆，梗洼窄浅，果缝线不明显；成熟时果皮鲜红色，鲜亮有光泽；果肉硬，离核，耐贮运；风味浓，可溶性固形物含量 17.3%，可鲜食或加工；在泰安地区 6 月 10～15 日成熟，烟台地区 6 月 20 日后成熟，果实发育期 60 天左右，属晚熟品种。

树体生长健壮，树姿直立，树冠圆头型，干性较强；干皮色浅棕褐色，一年生枝条黄绿色；结果枝以花束状果枝和短果枝为主，花芽较大、饱满、卵圆形，适应性强，耐旱、耐寒。

⑭胜利。山东省果树研究所 1997 年从乌克兰引进，2007 年通过山东省农业品种审定委员会的审定。

主要经济性状：果实个大，单果重 10.0 克；近圆形，梗洼宽，果柄较短，果缝线较明显；果肉硬、多汁，耐贮运；果皮深红色，充分成熟黑褐色，鲜亮有光泽；果汁鲜艳深红色，果味浓，酸甜可口，可溶性固形物含量 17.2%。在泰安地区 6 月上旬成熟。

树体生长势强旺，树姿直立，干性较强；枝干皮色为棕褐色，一年生枝条黄绿色；结果枝以花束状果枝和短果枝为主，

⑮柯迪亚。捷克 1946 年发现的自然实生。欧洲主要栽培晚熟品种，在北美表现好。

主要经济性状：果实宽心脏形，平均单果重 8～10 克，果皮紫红色，光泽亮丽，果肉紫红色、较硬，耐贮运，风味浓，可溶性固形物含量 18%，抗裂果。晚熟品种，成熟期比先锋晚 7～10 天，比拉宾斯早 3～5 天。在泰安 6 月上旬成熟。

树势较强，早果丰产，花期晚。授粉树可选用斯基娜、雷洁娜、本顿、斯科耐得、星尘。砧木宜选用马扎德、G6、G12。

⑯甜心。加拿大 1994 年推出的自花结实品种，亲本为先锋和新星。

主要经济性状：树体生长旺盛，树势开张，果实中大，8.0～11.0 克；圆形，果皮果肉红色，较硬，中甜，风味好，具清香；较抗裂果；晚熟，较先锋晚 19～22 天。始花期较先锋早 1 天，成熟期比先锋晚 2 周。自花结实，长势开张；早实，很

丰产。

⑰斯得拉。加拿大育成的第一个自花结实的甜樱桃品种。1987年山东省果树研究所自澳大利亚引入。2004年通过山东省审定，在泰安、烟台有少量栽培。

主要经济性状：树势强健，果实大或小大，平均单果重7.1克，大果9.0克。果实心脏形。果柄细长。果皮紫红色，光泽艳丽。果肉淡红色，质地致密，汁多，酸甜爽口，风味佳。果皮厚而韧，耐贮运。在山东半岛6月中下旬成熟，鲁中南6月上旬成熟。早果性、丰产性均佳，抗裂果，可进一步扩大试栽。

（4）近几年国内推出的甜樱桃新品种。

①香泉1号。北京市农林科学院林业果树研究所杂交育种育成，母本为斯得拉，父本为先锋。

主要经济性状：果实近圆形，黄底红晕，果个大，平均单果重8.4克，最大单果重10.1克，果实的平均纵径、横径和厚度分别为2.4、2.6、2.2厘米，酸甜可口，果实可溶性固形物含量19.0%，品质好；平均单核重0.39克，可食率95.4%；果柄平均长度为3.6厘米。果实6月上旬采收，为中熟丰产品种。

树姿较直立；一年生枝阳面黄红色，新梢浅绿。平均叶片长10.6厘米，宽6.3厘米，叶柄长3.0厘米。叶片颜色中绿，叶面平展；叶柄上有蜜腺，平均2个，颜色鲜红。花白色，花粉量多，花冠平均直径3.7厘米，花瓣长椭圆形，花瓣邻接。在北京地区，该品种实生树、高接树和幼树，多年内未见严重冻害和日烧现象。无特殊的敏感性病虫害和逆境伤害。

②香泉2号。北京市农林科学院林业果树研究所实生选出的早熟、黄红色优良品种，母本拉宾斯，父本不详。2012年通过北京市林木品种审定委员会审定。

主要经济性状：果实肾形，黄底红晕，艳丽美观。平均单果重6.6克，最大单果重8.3克；可溶性固形物含量17.0%。果肉黄色、软、汁多，风味浓郁，酸甜可口，平均单核重 0.37 克，可食率 94.4%。果柄短，柄长 2.6 厘米。果实发育期 36 天左右，北京地区 5 月 18 日前后成熟。

树势中庸，树姿较开张。新梢微红，二年生枝阳面棕褐色。叶片长 11.9 厘米，宽 6.6 厘米，叶柄长 2.9 厘米。叶倒卵圆形，绿色；叶面平展，半革质，叶背密被短茸毛；叶尖急尖，叶基广楔形，叶缘为钝重锯齿；蜜腺近圆形，2 个。花白色，花粉量多，花期较早，萼筒内壁橘黄色，雌蕊高于雄蕊。早果性、丰产性好，花芽形成好，各类果枝均能结果，以中果枝、短果枝、花束状果枝结果为主。自然坐果率高达 60%，需要配置授粉树，建议配置品种先锋、雷尼等。

③早丹。北京市农林科学院林业果树研究所从保加利亚引进的甜樱桃品种 Xesphye 的组培无性系中发现的早熟变异单株，基因型为 S_1S_6，异花结实，低需冷量品种。1984 年获得组培苗，1985 年定植，经 DNA 指纹技术鉴定，确定该早熟株发生了 DNA 变异。2010 年通过北京市林木品种审定委员会审定。

主要经济性状：果实长圆形，初熟时鲜红色，完熟后紫红色。果个中大，平均单果重 6.2 克，最大 8.3 克，果肉红色、汁多，可溶性固形物含量 16.6%，风味酸甜可口，核重 0.28 克，核长 1.07 厘米，可食率 96%。果柄中长，平均长度 3.8 厘米。果实发育期 25~33 天，北京地区 5 月上中旬成熟。

树势中庸，树姿较开张。一年生枝阳面棕褐色。叶片倒卵圆形，绿色；叶面平展，半革质，叶背密被短茸毛；叶尖急尖，叶基广楔形，叶缘为钝重锯齿；蜜腺扁圆形，2~5 个。花白色，花粉量多，花期早。早果性、丰产性好，自然坐果率高。花芽形成好，各类果枝均能结果，初果期以中长果枝结果为主，进入盛果期后，以短果枝和花束状果枝结果为主，7℃ 以下低温需求量约 600 小时，适宜温室栽培。授粉品种宜选用雷尼、红灯、先锋等。

④彩虹。北京市农林科学院林业果树研究所采集的实生种子播种后所得，亲本不详。2009年通过品种审定，已在北京地区推广。特点是果肉脆、早果、丰产稳产。

主要经济性状：果实扁圆形，初熟时黄底红晕，完熟后全面橘红色，十分艳丽美观；果个大，平均单果重9.1克；果肉黄色、脆、汁多，可溶性固形物含量20.2%，风味酸甜可口；平均单核重0.6克，单核长1.3厘米，可食率93%；果柄较长，平均长度5.0厘米。北京地区果实发育期65～70天，6月上中旬成熟，成熟期介于红蜜和雷尼之间，树上挂果期可达半月，适合观光采摘。授粉品种雷尼、红灯、先锋。

树势健壮，树姿较开张，早果丰产性好，初果期以中长果枝结果为主，长果枝比例可达72%，进入盛果期后，以短果枝和花束状果枝结果为主，比例达68%。

⑤彩霞。北京市农林科学院林业果树研究所从甜樱桃实生后代群体中选育出的晚熟新品种，亲本不详，基因型为 S_3S_6。1998年播种，2002年开始开花结果。2010年通过北京市林木品种审定委员会审定。

主要经济性状：果实扁圆形，初熟时黄底红晕，完熟后全面鲜红色。果个中等，平均单果重6.23克，最大9.04克。果肉黄色、脆、汁多，风味酸甜可口，果核重0.58克，核长1.27厘米，可溶性固形物含量17.05%，可食率93%。果柄长，平均长度4.9厘米。果实发育期72～74天，北京地区6月中下旬成熟。

树势中庸，树姿开张。一年生枝阳面棕褐色，节间距4.3厘米，新梢微红。叶片长15.4厘米，宽6.7厘米，叶柄长3.3厘米。叶倒卵圆形，绿色；叶面平展，半革质，叶背密被短茸毛；叶尖急尖，叶基广楔形，叶缘为钝重锯齿；蜜腺近圆形，2～3个。花白色，花粉量多，花期早，萼筒内壁橘黄色，雌蕊高于雄蕊。早果性、丰产性好，自然坐果率高。花芽形成好，各类果枝均能结果，初果期以中、长果枝结果为主，进入盛果期后，以短果枝和花束状果枝结果为主。授粉品种宜选用雷尼、红灯、先锋等。

⑥春绣。中国农业科学院郑州果树研究所从宾库的自然实生后代中选出的紫色、晚熟品种。1999 年播种，2002 年开始开花、结果。2012 年通过河南省林木品种审定委员会审定。

主要经济性状：果实心脏形，横径 2.82 厘米，纵径 2.61 厘米。果实大小整齐均匀，平均单果重 9.1 克，果顶圆平，缝合线平。果肉红色，肉质细脆，硬肉型，带皮果肉硬度 0.88 千克/厘米。耐贮运。果皮紫红色，有光泽，着色均匀一致。果柄长 4.3厘米，粗 0.16 厘米，果与柄较难分离；鲜核重 0.42 克，无核纹。可食率 93.2%，畸形果率 5.7%，可溶性固形物含量17.6%，可滴定糖含量 9.10%，可滴定酸含量 0.72%，每 100克果肉含维生素 C 8.33 毫克，酸甜适口，风味浓郁，品质上等。果实发育期耐高温。果实发育期 54～56 天，郑州地区成熟期在5 月 31 日左右。

幼树生长旺盛，枝条健壮，枝条基角自然开张，角度较大，生长势中等，成枝力强。早果性、丰产性好，自然结实率高，生理落果轻。枝条缓放后很容易形成花芽，初果期以中长果枝结果为主，进入盛果期以后，以花束状果枝和中长果枝结果为主，花束状果枝比例高达 71.2%。自花不实，适宜授粉品种为龙冠、先锋等。

⑦春艳。中国农业科学院郑州果树研究所杂交育成的大果型、黄红色、早熟、异花结实甜樱桃新品种，亲本为雷尼×红灯，2012 年通过河南省林木品种审定委员会审定。

主要经济性状：果实黄底红晕，着红色面积占 60%～90%，非常鲜艳；短心脏形，果顶凹，缝合线平。果实纵径 2.12 厘米，横径 2.53 厘米，平均单果重 8.1 克。果柄短，柄长 3.5 厘米，柄粗 1.4 厘米，果与柄难分离，梗洼较浅，鲜核重 0.3 克。果肉黄色，带皮硬度 0.58 千克/厘米。肉质细脆、多汁，可溶性固形物含量 17.2％，总糖含量 11.55％，可滴定酸含量 0.93％，每 100 克果肉含维生素 C 8.38 毫克，甜味浓，微酸，风味浓郁，品质上等。果实发育期 44～47 天，郑州地区 5 月 13～14 日成熟。

树势中等，树姿较开张，干性较强。成年树主干呈灰色，较光滑，一年生枝褐红色，皮孔较小、较稀。叶片中等偏大，多为长椭圆形；叶片平展，叶尖渐尖，叶基广楔形，叶缘锯齿粗重；蜜腺 2～3 个，中等偏大，紫红色。幼树以中长果枝结果为主，进入盛果期后，以中果枝和花束状果枝结果为主，具有较好的早果性和丰产性，较抗裂果，畸形果率也较低。属自花不实品种，栽培时应配置授粉树。

⑧福星。烟台市农业科学研究院选育，亲本为萨米脱×斯帕克里。

主要经济性状：果实肾形，果顶凹，缝合线一面较平，脐点大；果实大型，平均单果重 11～14.3 克，果实横径 3.12 厘米，纵径 2.44 厘米，侧径 2.64 厘米。果柄粗短，柄长 2.48 厘米；果皮浓红色，果肉红色、硬脆，可溶性固形物含量 16.9％，可食率 94.7％。果实发育期 50 天左右，在烟台地区 6 月 10 日左右成熟，比红灯晚熟 7 天，与萨米脱熟期相近。

树势中庸，树姿半开张。主干灰白色，皮孔椭圆形，一年生枝浅褐色，二年生枝灰褐色。叶片平展、浓绿色，倒卵圆形，粗重锯齿，叶尖骤尖，叶基楔形，侧脉末端交叉；叶片大，发育枝中部叶长 15.7 厘米、叶宽 7.8 厘米、叶柄长 3.49 厘米。蜜腺小，肾形，浅红色，1～4 个，多数 2 个，对生或斜生。自交不亲和，S 基因型为 S_1S_3，丰产稳产。适应性较强，栽培中未发现该品种有冻害死枝或死树现象，未发现特殊病虫害和对某种病虫敏感。

⑨福晨。烟台市农业科学院果树科学研究分院通过杂交育种育成，亲本为萨米脱×红灯。

果实鲜红色，心脏形，缝合线一面较平，与母本萨米脱相似，但果顶较平；果肉淡红色，硬脆；果个大，平均单果重9～11克；可食率93.2％。早熟，在烟台地区5月下旬果实成熟，果实发育期30天左右，比红灯早熟10～15天。

树势中庸，树姿开张，主干灰白色，皮孔椭圆形，明显；一年生枝浅褐色，二年生枝灰褐色；熟叶片浓绿色，叶片长椭圆形，叶片稍上卷，叶尖渐尖，叶基广圆形，叶缘钝、复锯齿，侧脉末端交叉；发育枝中部叶片长13.8厘米，宽6.4厘米。蜜腺中大，肾形，浅红色，1～4个，对生或斜生。成年树一年生枝条甩放后，易形成大量的短果枝和花束状果枝。对土壤的适应性广，对病虫害不敏感。

⑩艳红。原名 Starkrimson，美国加利福尼亚 Zaiger M 杂交育成的白花结实、红色、中熟优良品种，亲本为斯得拉×宾库，1985年推出，基因型为 S_3S_4。烟台市农业科学研究院1996年从美国引入，2009年通过山东省农作物品种审定委员会审定。

主要经济性状：果实短心脏形，果个大，平均单果重8.7克，最大11.2克。果梗中长，3.40厘米。果皮红色至深红色，蜡质厚、光亮。果肉淡红色、较硬，酸甜可口，可溶性固形物含量18％左右，品质上等，耐贮运，较抗裂果。在烟台6月中旬果实成熟。

树姿开张，早实性好，极丰产。长势较红灯弱，萌芽率93.9％，成枝力中等；外围一年生枝短截后一般发3～5个长枝，中下部芽多形成叶丛枝；以腋花芽、花束状结果枝结果为主，盛果期树花束状果枝占71.3％，中果枝10.9％，长果枝17.8％。枝条甩放后，形成一串叶丛枝极易成花，顶芽萌发长梢后，基部5～7个芽易形成腋花芽结果。

栽培习性：树体负载量过大时，果个小，为提高果个和品质，栽培中注意增强树势，控制产量。

⑪馅珠。大连农业科学院选用晚红珠×13-33杂交育成。

果实宽心脏形，整齐。果实底色呈浅黄色，阳面鲜红色；平均单果重 10.6 克，最大果重 12.3 克。肉质较脆，肥厚多汁，可溶性固形物含量 22％以上，风味酸甜适口，品质上等；核较小，近圆形，半离核，耐贮运。丰产性好。成熟期晚，在大连地区，4 月 22～25 日盛花，6 月 25 日左右果实成熟。

树势中庸，枝条较开张。叶片中大，叶片阔椭圆形，叶基呈半圆形，先端渐尖，叶缘复锯齿，中大而钝；叶片质较厚，叶面平展，深绿色有光泽。叶柄基部着生 2～4 个肾形蜜腺。花冠较大，近圆形，花粉量多。

⑫丽珠。由大连农业科学院选用雷尼×8‐100 杂交选育而成的优良品系。

主要经济性状：幼树树势强健，进入盛果期树势中庸健壮，枝条半开张。叶片中大，叶片阔椭圆形，先端渐尖，叶缘复锯齿，中大而钝；叶片质较厚，叶面平展，深绿色有光泽；平均叶柄长 2.93 厘米，粗 0.21 厘米，叶柄基部着生 2 个红色肾形蜜腺；花冠较大，近圆形，离瓣，部分重叠，雄蕊与雌蕊柱头等高，花粉量多，丰产性好。果实肾形，果个大，平均单果重 10.3 克，最大单果重 11.5 克。果皮紫红色，有鲜艳光泽，外观及色泽似红灯，色泽美。肉质较软，风味酸甜可口，可溶性固形物含量 21％，品质显著优于先锋。早果性好，栽后第三年即可见果。成熟期晚，在大连地区，3 月下旬花芽膨大，4 月中旬始花，4 月 20～23 日盛花，6 月 28 日左右果实成熟。

⑬泰珠。大连农业科学研究院育成，系雷尼×8‐100 优良杂交后代。

主要经济性状：果实肾形，整齐；平均单果重 13.5 克，最大果重 15.6 克；紫红色，有鲜艳光泽和明显果点；肉质较脆，风味酸甜适口，可溶性固形物含量 19％以上，品质优；核较小，近圆形，半离核，耐贮运。大连地区，6 月 22 日左右果实成熟，属中晚熟。

树势强健，生长旺盛。叶片大，叶片阔椭圆形，叶基呈半圆形至楔形，先端渐尖，叶缘复锯齿，中大而钝；叶片厚，叶面平展，深绿色有光泽；叶柄基部着生2个红色肾形蜜腺；花粉量较多。适应性较广，但丰产性一般。

⑭早露。原代号5-106，大连市农业科学研究院从那翁的自然杂交种子中选育的品种。1974年播种，1981年开始结果。2012年通过辽宁省种子管理局备案。

主要经济性状：果实宽心脏形，全面紫红色，有光泽。平均单果重8.65克，最大果重10.17克。核卵圆形，较大，粘核。果实平均纵径2.2厘米，平均横径2.4厘米，果柄长度4.3厘米，平均粗度0.1厘米。果肉天竺葵红色，肉质较软，肥厚多汁，鲜食品质上等。果肉厚度达1.0厘米，可溶性固形物含量18.9%，可溶性总糖含量10.7%，可滴定酸含量0.34%，每100克果肉含维生素C 9.9毫克，果实可食率为93.1%。果实发育期35天左右，大连地区5月末至6月初成熟，早熟、鲜食品质上等是其突出特点，较耐贮运。

树势较强健，萌芽率高，成枝力较强，枝条粗壮。幼树期枝条较直立生长，一年生枝长度可达1.2米左右。一般定植后3年开始结果，幼树期以中、长果枝结果为主，随着树龄的不断增加，各类结果枝比例也在逐渐调整，中、长果枝比例减少，花簇状果枝比例增大。早露自花结实率低，适宜授粉品种有佳红、红艳、美早、红灯、早红珠等。

⑮早红珠。大连市农业科学院推出，品系代号8-129。宾库自然杂交选育而成。早熟、优质、中大果型是其特点。

主要经济性状：平均单果重9.5克，最大单果重10.6克。果皮紫红色，有光泽，外观艳丽。果肉紫红色，肉质较软，肥厚多汁，风味酸甜，可溶性固形物含量为18%。核卵圆形，较大，粘核。果实发育期40天左右，大连地区6上旬即可成熟。较耐贮运。

树势强健，幼树生长旺盛，直立，进入结果期后树势中庸偏旺，树姿较开张。果实宽心脏形。丰产性好。

⑯晚红珠（8-102）。大连市农业科学院育成，2008年6月通过辽宁省非主要农作物品种审定委员会审定并命名。

主要经济性状：果实宽心脏形，红色，有光泽，平均单果重9.8克；果肉红色，肉质脆，果肉厚，可溶性固形物含量18.1%，可滴定酸0.67%，风味酸甜可口，品质优良；核卵圆形、粘核。耐贮运。大连地区，7月上旬果实成熟，比先锋晚熟15～20天；抗裂果能力较强，春季对低温和倒春寒抗性强。

树体生长旺盛，树姿半开张，幼树期枝条直立；易成花；花芽大而饱满，花粉量多，自然坐果率高，丰产性好。

⑰佳红。大连农业科学院以宾库与香蕉为亲本杂交育成。

主要经济性状：果个大，平均单果重9.67克，最大果重11.7克。果形宽心脏形，整齐，果顶圆平。果皮底色浅黄，向阳面着鲜红色霞和较明显斑点，外观美丽，有光泽。果肉浅黄色，质较脆，肥厚多汁，风味酸甜适口，品质最上等。可食率94.58%。可溶性固形物含量19.75%，总糖13.75%，总酸0.67%。核卵圆形，粘核。成熟期较红灯晚1周左右，为中熟品种中成熟期较早的。适宜的授粉品种为巨红和红灯，一般定植后3年结果。授粉树的比例应在20%以上。六年生树亩产量为509.4千克。

树势强健，生长旺盛，幼树期间生长直立，盛果期后树冠逐渐开张。适应性广。

⑱巨红。又名13-38，大连市农业科学研究所以那翁×黄玉杂交育成。

主要经济性状：树势强健，生长旺盛。幼树期直立生长，盛果期后逐渐半开张。果大整齐，平均单果重10.25克。果形宽心脏形。果皮浅黄色，向阳面着鲜红晕，有较明显的斑点，外观鲜艳有光泽。果肉浅黄白色，质硬脆、肥厚汁多、风味酸甜，较为适口，可溶性固形物含量19.1%。核中大，卵圆形，粘核，可食率为93.1%。在大连4月17日始花，4月20～24日盛花，6

月 27 日果实成熟。在烟台 6 月中旬成熟，较耐贮运。早果性好，定植后 4 年可见果。适应性强，丰产性好，抗病，耐贮运，适合塑料大棚保护地栽培，极具发展前途。适宜的授粉品种为红灯和佳红。巨红对栽培条件要求较高，需设立支柱，以防倒伏。

⑲美早。美国华盛顿州 1998 年推出。亲本为斯得拉×早布莱特。2006 年通过了山东省林木品种审定委员会审定。果大、肉硬是其特点。

主要经济性状：果实宽心脏形，平均单果重 8～12 克，大小整齐，顶端稍平。果柄短粗。果皮全面紫红色，有光泽，鲜艳。肉质脆而不软，肥厚多汁，果肉硬，中甜，味淡；较抗裂果；可溶性固形物含量 17.6%。核圆形、中大，可食率 92.3%。耐贮运。早熟，较先锋早 7～9 天，花期同先锋；中产。授粉品种为萨米脱、先锋、拉宾斯等。

树势强健，树姿半开张，幼树萌芽力、成枝力均强。在乔化砧木上结果晚，丰产性中等，建议用吉塞拉矮化砧木。

⑳秦樱 1 号。由西北农林科技大学育成，系布莱特突变优系，2005 年通过山西省审定。

主要经济性状：树体健壮，高 3～4 米，嫩枝绿色，多年生枝灰棕色，树皮黑褐色。叶片倒卵圆形或卵形。定植后 2～3 年开始结果，第五年可进入盛果期。在西安地区开花盛期为 3 月下旬，5 月上旬果实成熟，比红灯早 10 天。果实心形，单果重 8 克左右。果皮紫红色，有光泽，外观美。可溶性固形物含量 16.1%，口味酸甜适中，品质佳，为陕西省主要早熟栽培品种。

㉑吉美。由西北农林科技大学从匈牙利选育而成，属自然杂交。2005 年通过审定。

主要经济性状：树势健壮，早果性强，丰产性好，抗寒、抗晚霜。树高 3.5～4.5 米。果实心形，果个大。果皮紫红色，具光泽，口味酸甜适中，品质佳。果肉硬，耐贮运。开花晚，成熟晚，西安地区 3 月底盛花，5 月下旬至 6 月上旬成熟，熟期比红灯晚 25 天。该品种是目前陕西省主要晚熟栽培品种，适合在渭北南部、关中、陕南、陇海线周边地区种植。

㉒早大果（乌克兰 2 号）。乌克兰农业科学院灌溉园艺科学研究所育成。山东省果树研究所购买引进专利品种，2007 年通过山东审定。个大、早熟为主要特点。

主要经济性状：果实大，平均单果重 11～12 克；果皮紫红色，果肉较硬，果汁红色；果核大、圆形、半离核；可溶性固形物含量 16％～17％，口味酸甜，品质佳；果柄中等长度。果实成熟期一致，山东泰安地区，5 月中旬成熟，比红灯早 3～5 天。

树体中庸健壮，树势开张，以花束状果枝和一年生果枝结果为主，幼树成花早，早期丰产性好。

㉓彩玉。山东省果树研究所育成的大果型丰产新品种。

主要经济性状：果实个大，平均单果重 9.95 克，近圆形；果柄中长，梗洼广浅，果顶突；底色黄色，表色红晕，光泽艳丽；果肉黄色，硬度大，酸甜可口，果实可溶性固形物含量 18.5％，品质好，耐贮运；核小，离核，可食率 95.6％。泰安地区，果实成熟期 5 月底至 6 月上旬，果实发育期 53～61 天，为中晚熟品种。

树体生长健壮，树势中庸，树姿较开张，一年生枝阳面灰褐色，多年生枝深褐色，新梢绿色，叶片平均长 13.75 厘米，叶片宽 6.01 厘米，叶柄长 3.20 厘米，叶片厚度 0.21 厘米，叶片颜色浅绿，长椭圆形，叶面平展；叶面光滑，背毛。叶缘锯齿状，单锯齿。叶柄上有蜜腺，平均 2 个，黄色至红色。花瓣白色，长椭圆形，花冠平均直径 3.58 厘米。早实丰产，无畸形果，抗裂果。早期落叶病、褐斑穿孔病发生较少。

㉔紫玉。山东省果树研究所育成的中晚熟优质、大果型、自交亲和新品种。

主要经济性状：果实卵圆形；平均单果重 9～10 克，果实平均纵径 2.59 厘米，平均横径 2.65 厘米；成熟时果实紫红色，果肉红色；果顶微凹，缝合线平；果柄长 3.69 厘米，果柄粗 0.14 厘米；果实可溶性固形物含量 18.5%；核重 0.39 克，离核；抗裂果，无畸形果。泰安地区，果实成熟期 5 月底至 6 月上旬，果实发育期 54～57 天，为中晚熟品种。

树体生长健壮，树姿较开张；一年生枝灰褐色，多年生枝深褐色；叶片长椭圆形，叶尖急尾尖，叶基广楔形，多数 2 个肾形叶腺；叶芽中大、饱满，尖卵圆形；伞形花序，花瓣白色，长椭圆形，花瓣邻接。早实丰产性好，自交亲和，S 基因型为 $S_3S'_4$。抗逆性强，适应性广。

㉕中夏红。山东省果树研究所选育，2016 年通过山东省林木品种审定委员会审定。

主要经济性状：果实扁圆形，整齐，个大，平均单果质量 11 克，平均纵径 2.38 厘米，横径 2.89 厘米；成熟时果实紫红色，果肉深红色；果顶凹，缝合线平，明显；果柄粗短，果柄长 3.46 厘米，果柄粗 0.14 厘米，梗洼广浅，果柄分离难；果实硬度大，可溶性固形物含量 20%；果核卵圆形，核重 0.38 克，无核纹，粘核；抗裂果，无畸形果。泰安地区，果实成熟期 6 月初，果实发育期 60～65 天。

树体生长健壮，长势中庸；一年生枝粗短，灰褐色，多年生枝深褐色；叶片长椭圆形，急尾尖，叶基广楔形，平均叶长 14.33 厘米，叶宽 6.77 厘米，叶柄长 2.90 厘米，叶柄粗 2.46 毫米，有 2～4 个肾形叶腺；叶芽单生，瘦长；花芽中大、饱满；伞形簇生花序，每花序 1～6 朵花，花朵白色，花径 3.21～3.82 厘米，每花朵有雌蕊 35～44 个。

㉖哥伦比亚。哥伦比亚也称为本顿，美国华盛顿州立大学杂交培育，亲本为斯得拉×Beaulieu，1971 年杂交，2003 年推出，基因型为 S_4S_9，自花结实。2010 年通过山东省林木品种审定委员会审定。

主要经济性状：果实阔心脏形，果面深红色，有光泽。果个大小整齐，成熟度一致，平均单果重 9.96 克。果柄长约 3.69 厘米，粗 1.78 毫米，与果实连接牢固。可溶性固形物含量16.71%，总糖含量为 11.18%，总酸含量为 0.78%，糖酸比为14.33，可食率为 92.5%，肉质硬脆，肥厚多汁，风味酸甜可口，品质优良，耐贮运。

树姿开张，生长旺盛，白花授粉，产量稳定。花期较晚，能够避开晚霜的危害；抗采前裂果。在泰安，果实成熟期为 5 月25～28 日。

㉗红南阳。国外引进品种，甜樱桃品种南阳的红色芽变。2010 年通过山东省林木品种审定委员会审定。

主要经济性状：果实椭圆形，果顶稍突，缝合线色淡，明显。果皮黄色，向阳面着红晕，有光泽。果个大，直径为 2.3～3.0 厘米；平均单果重 10.63 克，果柄中长，约 4.05 厘米。果肉硬而多汁，浅黄色，可溶性固形物含量 16.4%，总糖含量为10.41%，总酸含量为 0.79%，糖酸比为 13.18，风味浓郁，口感极甜，品质极佳。在泰安，成熟期一般为 6 月 3～5 日。

树姿开张，生长旺盛，萌芽率高，成枝力强。果肉硬，果皮厚，耐贮运，极抗采前降雨引起的裂果和炭疽烂果病。很少有细菌性流胶病发生，叶片没有发现李环斑坏死病毒病（PNRSV）、李矮缩病毒病（PDV）等。

3. 品种配置

（1）考虑砧穗组合。长势强旺的接穗品种适宜嫁接在矮化砧木上，如 G5 嫁接美早，可以早实丰产，丰产品种可以嫁接在长势旺的砧木上，如秦林、拉宾斯、甜心可以嫁接在马哈利、考特、G6 上。

（2）考虑授粉品种配置。

①授粉亲和性。应选择与主栽品种授粉亲和的品种为授粉品种。对已知 S 基因型的主栽品种，可以根据品种的 S 基因型来判断，授粉树必须来自不同的基因型；对于未知 S 基因型的主栽品

种，可以依据品种间亲缘关系的远近，选择关系远的品种，并经田间授粉试验确认为具有高亲和性的品种为授粉品种。甜樱桃 S 基因型见表 2-6。

表 2-6　甜樱桃基因型不亲和品种组群

不亲和组群	S 基因型	品 种
I	S_1S_2	萨米脱、斯帕克里、大紫、法兰西皇帝 B、巨早红、Canada Giant
II	S_1S_3	先锋、雷洁娜、红宝石、Gil Peck、Olympus、Samba、Sonnet、Vera、Lalastar、Olympus、Sir Douglas、Windsor
III	S_3S_4	宾库、红丰、那翁、兰伯特、法兰西皇帝、Angela、Kristen、吉美、Star、Yellow Spanish
IV	S_2S_3	伟格（Vega）、马苏德、Victor、Sue、Dame Nancy
V	S_4S_5	Carmen、Turkey Heart
VI	S_3S_6	黄玉、柯迪亚、南阳、佐藤锦、红蜜、早露、宇宙、Techlovan
VII	S_3S_5	海蒂芬根、Early Burlat、Morreau NY
IX	S_1S_4	雷尼、塞维、Black Giant、Viscount、Garnet、King、Hudson
X	S_6S_9	晚红珠、Penny
XII	S_5S_{13}	卡塔林（Katalin）、马格特（Margit）
XIII	S_2S_4	维克（Vic）、莫愁（Merchant）、萨姆、斯克奈特（Schmidt）
XVI	S_3S_9	红灯、布莱特、莫利、秦林、美早、早红宝石、抉择、红艳、宇宙
XVII	S_4S_6	佳红、Merton Glory
XVIII	S_1S_9	布鲁克斯、极佳（Valerij Tschkalov）、早大果、奇好、Early Red、Sweet Early、Earlise、Tamara
XX	S_1S_6	红清、Mermat、Vanda
XXI	S_4S_9	龙冠、巨红、早红珠、Cashmere、Cowiche、友谊
XXII	S_3S_{12}	斯克奈德斯（Schnieders）、Germersdorfi 1、Ziraat 0900、Linda、Ferrovia、Rubin
XXVII	S_4S_{12}	Katalin、Kavics、Margit

②花期相遇。甜樱桃开花物候期的早晚因品种有一定差异，如早红宝石、拉宾斯、秦林的花期较早，而塞维、雷洁娜等花期较晚，开花早的品种与开花晚的品种花期基本不相遇，开花早与开花晚的品种之间花期相差5~12天。在确定授粉品种时，应考虑各品种开花期的早晚，授粉品种与主栽品种的花期应一致，或者比主栽品种早1~2天开花。甜樱桃部分品种花期及品种间授粉亲和性见表2-7。

表2-7 甜樱桃部分品种花期及品种间授粉亲和性

序号	品种（按花期早晚排列）	S-基因型	1 拉宾斯	2 布莱特	3 秦林	4 甜心	5 索纳塔	6 早大果	7 红灯	8 雷尼	9 美早	10 艳阳	11 宾库	12 先锋	13 斯克奈特	14 萨米脱	15 萨姆	16 兰伯特	17 奥林巴斯	18 雷洁娜	19 塞维
1	拉宾斯	自交亲和	S																		
2	布莱特	S_3S_9	×	×							×										
3	秦林		×	×																	
4	甜心	自交亲和				S															
5	塞纳特	自交亲和					S														
6	早大果	S_1S_9						×													
7	红灯	S_3S_9	×	×					×												
8	雷尼	S_1S_4								×											×
9	美早	S_3S_9	×	×							×										
10	艳阳	自交亲和										×									
11	宾库	S_3S_4											×								
12	先锋	S_1S_3												×					×	×	
13	斯克奈特	S_2S_4													×	×					
14	萨米脱	S_1S_2														×					
15	萨姆	S_2S_4													×		×				
16	兰伯特	S_3S_4				×												×			
17	奥林巴斯	S_1S_3												×					×		
18	雷洁娜	S_1S_3												×						×	
19	塞维	S_1S_4								×											×

③授粉品种的经济性状良好。授粉品种本身必须是综合经济性状优良的品种，与主栽品种可互为授粉结实。事实上，多数品种花粉量均较大，花期也较相近，因此，在选择授粉品种时关键是选用能产生正常花粉和异花授粉能结实的品种。

④足量配置授粉树。在甜樱桃园中，只有配置足够数量的授粉品种，才能满足授粉、结实的需要。生产实践表明，授粉树最低不能少于 30%，一般主栽品种占 60%，授粉品种占 40%。以3个主栽品种混栽，各为 1/3 为宜。授粉树距离不能大于 12 米。若果园授粉品种配置比例较低，授粉树配置距离过大，易出现坐果率低的问题，影响产量。主栽品种和授粉品种分别成行栽植较好，便于采收和管理。

（3）依据产区和果园功能定位考虑早中晚熟搭配、花色品种、功能品种等，丰富市场需求。对于春季气温回升快，果实发育期温度高的地区，建议选择早熟品种、短低温品种发展；相反沿海或高海拔冷凉气候栽培区，建议选择晚熟品种集中发展。例如，山东鲁南枣庄地区，应以早大果、布鲁克斯、早露、早玉、齐早，配以适当中熟品种发展；山东烟台、辽宁大连、青海海东建议选择中晚熟品种，如黑珍珠、萨米脱、柯迪亚、雷洁娜、甜心、晚红珠等。

都市休闲采摘果园，建议早中晚熟品种合理搭配以延长采摘期，同时，重视外观艳丽口感甜的浅色品种，如明珠、佐藤锦、佳红、冰糖樱、雷尼、红手球、红南阳等品种。

加工体验果园，可以适当考虑酸甜两用的酸樱桃品种，如红玉、秀玉，既可以加工果汁、果酱、果酒，也可以采摘鲜食。

三、酸樱桃优良品种

酸樱桃原产欧洲中南部和印度、伊朗北部，起源中心黑海南岸和高加索山脉南部地区。酸樱桃是一种异源多倍体果树，典型的酸樱桃，一般认为是草原樱桃和甜樱桃未减数花粉自然杂交种；俄罗斯寒冷地带，把草原樱桃当作酸樱桃生产；匈牙利酸樱桃育种国际领先，也有酸樱桃与其他樱桃杂交种。小乔木或灌木。

酸樱桃糖分高且酸度大，味道浓郁，汁液丰富。果实主要用于加工，少量鲜食；植株用于绿化、观赏。果实一般先冷藏（0℃）或冷冻（－18℃）再后续加工；加工果酱、果冻、罐头、果汁、果肉饮料、糖制（干、脯、蜜饯）、露酒、樱桃酒（发酵酒）等。罐头通常为派、甜点等拼料点缀；巧克力包衬等；用于加工理想的果实特征：直径 21～24 毫米、黑红色果汁、糖和酸含量高（糖度 16%～20%，可滴定酸度大于 25 克/升苹果酸）和良好的香气。国际上主要品种糖酸比见表 2-8。

表 2-8　酸樱桃品种糖酸比率（JKI）

品种	可溶性固形物含量（%）	酸（苹果酸）（克/升）	糖酸比率
Spinell	17.6	13.0	1.36
Erdi Botermo	17.4	14.1	1.23
Achat	15.8	16.8	0.94
Jade	16.6	19.7	0.84
Karneol	14.7	17.6	0.84
Rubellit	17.5	21.0	0.83
Schattenmorelle	15.6	18.8	0.83
Jachim	14.8	17.9	0.83
Safir	14.0	17.0	0.83
Corallin	16.0	19.5	0.82
Stevnsbaer Viki	21.8	27.0	0.81
Ujfehertoi Furtos	17.1	22.2	0.77
Fanal	15.9	20.8	0.77
Osthelmer Weichsel	14.6	19.4	0.75
Morina	17.3	24.9	0.69
Topas	14.4	30.2	0.48

酸樱桃营养丰富，具有很高医疗价值。果实富含花青素、褪黑激素、槲皮素等，具有调节睡眠、清除自由基、降低血糖、延缓衰老等功效。潜在的健康益处，增强了酸樱桃的经济应用前景。

与甜樱桃比较，酸樱桃具有耐寒、耐旱，适栽区域广、果实偏酸等特点。酸樱桃适于年平均气温 10～20℃ 的地区栽培，又可耐－34～－40℃ 低温，极抗寒。休眠期比甜樱桃长，一般在 7℃ 以下，需冷量为 1 051～1 889 小时。酸樱桃花期较晚，不易遭晚霜危害，酸樱桃适于在土层深厚、透气性好、保水能力强的沙壤土和砾质壤土中栽培，抗旱、耐瘠薄。抗病能力强，一般情况下病虫害较轻。较抗裂果，生产中很少发现裂果。

栽培品种主要分布于欧洲和北美。东欧品种资源多样性丰富，包括 Cigany、Pandy、Oblacinska、Mocanesti、Strauchweichsel。潘迪-Pandy（又称为 Crisana、Koroser）及相关品种在匈牙利和罗马尼亚最受欢迎，自交亲和、淡红色的果皮和果汁。

中欧主要品种是斯凯腾莫利洛（Schattenmorelle）（波兰称为 Łutovka，法国称为 Griotte du Nord，在英国称为 English Morello）。自交亲和、高产、深红色果实和果汁。

美国主导品种是蒙特莫伦斯（Montmorency），有 400 年历史，起源法国；自交亲和、高产、鲜红色果实和澄清的果汁。

中国主要品种是摩巴酸（玻璃灯，Richmond），单果重仅 3.0 克左右。

①蒙特莫伦斯（Montmorency）。美国主栽品种，加工罐头、冷冻、派等。果实亮红色，中大，果肉软，果汁清，自交亲和，丰产，早实性突出，一年生枝条成花结果，抗褐腐病，对叶斑病敏感，抗寒。

②莫利洛（Morello）。欧洲主栽品种。果实个大，早实丰产，一年生枝条成花结果，暗红色果汁，较蒙特莫伦斯晚熟 1

周，抗褐腐病。

③巴拉顿（Balaton - Ufjihertos Fuertos）。匈牙利育成。果实大、硬、暗红色、果汁红色，果肉甜酸，可作为鲜食和加工品种。

丰产，需异花授粉，花期晚，成熟期晚蒙特莫伦斯 7～10 天。

④秀玉。山东省果树研究所从匈牙利引进，原名不详，2016年通过山东省林业厅品种审定委员会审定。

单果重 5.5 克，成熟时果皮浓红色；可溶性固形物含量 18.60％，可滴定酸 0.96％；出汁率 83.4％。泰安地区果实发育期 52～55 天。

⑤红玉。山东省果树研究所从匈牙利引进，Debreceni Botermo 与 Ujfehertoi Furtos 杂交材料，2016 年通过山东省林业厅品种审定委员会审定。

平均单果重 6.2 克；果肉红色，离核，可溶性固形物含量 17.7％，可滴定酸 1.69％，果实出汁率 81.9％。泰安地区果实发育期 60 天左右。丰产。

四、中国樱桃优良品种

中国樱桃著名品种有江苏南京的垂丝樱桃、浙江诸暨的短柄樱桃、山东泰安的泰山樱桃、安徽太和的太和樱桃、四川大红袍樱桃等。

栽培趋势是发展大果类型中国樱桃品种，研究避雨栽培，推广集约化栽培技术。

针对中国樱桃商品化程度低、果实不耐贮运的特点，坚持分散发展、就近销售的原则，促进观光休闲和加工产业的发展。

（1）玛瑙红。1996 年，贵州省毕节市纳雍县厍东关乡总溪河园艺场从本地樱桃根蘖苗建园中发现，2011 年 5 月经专家组鉴定，2011年11月通过贵州省农作物品种审定委员会审定，定名为玛瑙红樱桃。

果实椭圆，果顶略突，颜色紫红色，形如玛瑙，平均单果重4.3克，最大单果重6.8克，果柄长4.2厘米，离核。果实可溶性固形物含量15.8%，可溶性糖11.9%，每100克可滴定酸7.5摩尔，酸甜适中，肉质细嫩，爽口化渣。在贵州省纳雍县海拔1 250米地带4月中旬成熟，果实发育50天左右，常温下可贮藏4天。

玛瑙红樱桃树冠紧凑，枝条表面灰白色，直立性强，树势旺盛。幼树以中、长果枝为主要结果枝，盛果期以花束状果枝和短果枝为主，花芽主要集中在二年生短果枝和一年生春梢节位，自花结实，早熟丰产，定植第二年开始初花试果，第三年为初果期，第五年进入盛果期，亩产量可达700千克。

（2）乌皮樱桃。乌皮樱桃又名黑珍珠，是重庆巴南一带的中国樱桃地方良种，是重庆市科技人员在20世纪90年代初发现的，巴南区政府多经办和百节良种果苗场1995年选出。

经过多年鉴定和多次区域试验，认定为中国樱桃的优良品种，因其大果型单株，属芽变株系，果皮呈紫红乌亮，故名乌皮樱桃。

果实大，平均单果重3.5～4.2克，个别大果重6克。因果皮厚，有很好的耐贮运性能。果皮颜色由初熟时的鲜红色逐渐变为充分成熟时的紫红乌亮，还有人称其为黑珍珠樱桃。果肉颜色呈淡黄色，可溶性固形物含量17%～22%，离核，肉质细嫩，滋味较甜，品质上等。

第三章
樱桃优质苗木

櫻桃园生产与经营，影响建园质量高低的关键是苗木。目前，国内好的樱桃苗木一棵难求，主要原因是育苗单位基本都是低成本运营，苗圃不规范，没有采穗圃，育苗密度过大，苗木质量差。欧美发达国家，多数有稳定的专业公司生产经营苗木，建有砧木圃、采穗圃和育苗圃，苗木质量规范、标准，基本是订单苗木，种植者提前1～3年预定适合自己立地条件的砧木和品种的优质苗木。重视优质苗木生产和选择是樱桃园健康生产与经营的关键。

值得一提，国外新品种受育种者权利、专利和商标保护三方保护，部分品种生产发展实行俱乐部制，苗木公司首先必须获得砧木、接穗品种的繁育授权，办理繁殖许可证，才能繁殖出售苗木，而国内尚不能很好地保护品种权益，以致出现随意更改品种名称、乱繁乱育的现象，不能保障育种者权益和苗木质量，亟待改进。

一、苗木繁育

櫻桃苗木繁育包括砧木繁殖、采穗圃建设、育苗圃建设与嫁接繁育。

1. 砧木繁殖　主要有实生繁殖、压条繁殖、扦插繁殖和组织培养快繁。实生播种繁殖和压条育苗工作量大，组织培养快繁成本高、出苗率低；嫩枝扦插育苗具有操作简单、繁殖快、数量大、成本低、经济效益高等优点。当前主要是马哈利实生繁殖和吉塞拉系列、考特、兰丁2号砧木扦插繁殖。

（1）马哈利砧木实生繁殖。

①砧木种子的采集和处理。选择无病虫害的健壮大树作为母树采集种子，采集充分成熟的果实，立即将果实浸在水中搓洗，将沉入水底充实的种子捞出晾干备用。将种子混以3倍湿沙，层积贮藏。当春季地温回升后，即可将种子取出，移至20℃以上的室内进行催芽。当50%左右的种子破壳露白时便可取出播种。

②播种及苗期管理。春季播种，3月，当5厘米深处土壤地温稳定在5℃以上时进行。播种方法一般采用垄播，垄宽以60厘米为宜，条播或点播皆可，点播株距以20厘米为宜，每穴点种子3粒。播种深度以2～3厘米为宜，在播前灌足底墒水，趁土壤干湿合适时播种、覆土、加盖地膜，可早出苗，提高出苗率。出苗后将地膜划开。

蔡宇良报道，马哈利CDR‐1种子千粒重166克。采用变温沙藏处理技术，萌芽率可达到80%，种子在采收后应立即进行沙藏处理，将种子沙藏到翌年3月，待达到一定积温，地温在8～10℃时种子即可萌发，直到地温升至20℃时种子停止萌芽，然后将未发芽的种子继续沙藏，第三年春天仍有20%～40%萌芽。

一般来说，马哈利直播育苗，秋季就地嫁接成活率高；苗床育苗，翌年春季移栽嫁接成活率高。

（2）吉塞拉系列砧木繁殖。

①扦插繁殖。扦插分为硬枝扦插和绿枝扦插两种。吉塞拉采用硬枝扦插生根效果不好，生根率较低；而采用嫩枝扦插生根效果良好。

A.扦插时期。在新梢未全木质化以前进行，一般5月初至

9月下旬均可进行扦插，5~6月最好，7~8月气温过高，育苗拱棚上需搭建遮阳网。

B.插条的选择和处理。选用半木质化的新梢，粗约0.3厘米，剪成10~15厘米梢段，摘除下部叶片，只保留顶部3~4片叶。随采随插。

C.扦插方法。扦插基质选用干净河沙，扦插前床面用0.5%高锰酸钾溶液消毒备用。插床宽130厘米、深25厘米，必须保持排水通畅。

扦插在大棚内进行，要求大棚内白天温度30~40℃，夜间温度25~30℃。扦插初期棚内空气相对湿度为90%~100%，扦插后2~3周，待新根长出后湿度逐渐降至60%~80%。采用弥雾和中午用遮阳网遮阴的方法保持棚内湿度。进行药剂处理，防止感染立枯病等病害。

D.扦插后管理。扦插后4~5周，新根长至2~3厘米时，即可移栽。先移栽到营养钵中进行炼苗，覆盖遮阳网，尽量减少在阳光下的暴露时间，浇透水。中午喷水2~3次，20天后撤去遮阳网。1个月后移栽到大田。

幼苗抗病力弱，喷甲基硫菌灵或代森锰锌以防病害发生。叶面喷施0.1%的磷酸二氢钾，使苗木生长健壮。7月上中旬前移栽的苗当年秋天可嫁接，7月中旬以后移栽的苗第二年才可嫁接。

②组织培养扩繁。组织培养快繁技术是指在无菌的条件下，将离体的植物器官、组织、细胞及原生质体，在人工配制的培养基上培养，给予适当培养条件，利用细胞的全能性，使其长成完整的植株。组织培养快繁，进行工厂化生产，具有无杂菌、繁殖系数高、质量优、批量生产、周年供应、便于运输等优点。包括组培室建设、外植体获取、培养基生产、接种培养、生根诱导、驯化移栽等步骤。组培快繁育苗需要无菌超作环境及灭菌、接种、超净台等设备。

A. 外植体的获得。吉塞拉外植体通常采用茎尖或带芽枝段。手术刀剥取芽内约 0.5 毫米大小的茎尖，用蒸馏水冲洗两次后置于超净工作台上灭菌，灭菌方法同茎段，由于茎尖比茎段嫩，因而消毒时间要短些，75% 的酒精表面消毒时间为 10～15 秒钟，用蒸馏水冲洗 3 遍，再用 0.1% 的升汞溶液灭菌 3 分钟，最后用蒸馏水冲洗 5～6 次。或者在春季选取生长健壮、无病虫的砧木新梢，去掉叶片，用自来水冲洗 15～30 分钟，然后切成 1.5～2 厘米长带芽的茎段，无菌条件下，将冲洗干净的茎段放入 70% 的乙醇溶液中浸 30 秒钟，用无菌水冲洗 3 遍，然后在 1% 升汞中消毒 5 分钟，用无菌水冲洗 5 遍，即获得无菌茎段。灭菌后的带芽枝段和茎尖即可用于接种。

B. 培养基和培养方法。一般采用 MS 基本培养基，吉塞拉的初代培养基为 MS＋6-BA 1 毫克/升＋IBA 0.1 毫克/升或 MS＋6-BA 0.5 毫克/升＋NAA 0.05 毫克/升；继代增殖培养基 MS＋6-BA 0.5 毫克/升＋IBA 0.1 毫克/升或 MS＋6-BA 0.3 毫克/升＋NAA 0.1 毫克/升；生根培养基成分为 1/2MS＋IBA 0.3～0.5 毫克/升。添加 2% 的蔗糖和 1% 的琼脂粉，pH 调整为 5.8，分装后在 121℃、1.1 千克/厘米^2 压力下灭菌20 分钟。

C. 培养条件。光照度 2 000 勒克斯，光照时间 10 小时/天，温度 25℃。外植体接种到初代培养基上，1 周后开始萌发，3 周后芽长成 2 厘米左右的新梢，侧芽同时也萌发出 3～5 个丛生芽。将丛生芽切割后转入增殖培养基上进行增殖培养，丛生芽在增殖培养基上生长 2～3 周后，苗可长到 3～5 厘米高，成为具有 4～8 片叶的无根苗。30 天继代 1 次。继代培养时为防止玻璃化现象，可增加培养皿透气性、提高培养基蔗糖和琼脂浓度、降低 6-BA 浓度。在增殖培养基上选取生长健壮、高 2～3 厘米的新梢，转移到生根培养基上诱导生根，接种后先暗培养 10 天，然后转移到光下培养，培养条件同增殖培养。培养 2 周左右便可见基部有乳白色根发生。

D. 驯化移栽。组培苗生根后再经过 3～4 周的培养，苗茎已初步木质化，根系发达、健壮，此时即可炼苗。分 3～5 次逐渐打开组培瓶盖，使组培苗适应外部的环境，炼苗 5～6 天后从组培瓶中取出生根的试管苗，洗净附着在表面上的培养基，然后移栽到灭过菌的基质中，将穴盘放在温室中的小拱棚内驯化 4～8 周。拱棚内的温度 10～30℃，在移栽驯化初期相对湿度为 90% 以上，以后慢慢降低，每周喷 1 次 400 倍的 50% 多菌灵可湿性粉剂液，以防治立枯病。温室驯化 4～6 周后，小植株开始有新叶长出。之后露天驯化 3～10 天移栽大田。一般 5～7 月栽到大田的试管苗，当年可长到 1 米以上，8～9 月栽的，当年能长到 40 厘米以上，且长势健壮一致。

（3）大青叶砧木压条繁殖。

①水平压条。水平压条多在 7～8 月雨季进行。压条时，将靠近地面的、具有多个侧枝的二年生萌条，水平横压于圃地的浅沟内，然后覆土。覆土厚度，以使侧枝露出地面为度。翌年春季，将生有根系的压条分段剪开，移栽后，供嫁接用。

②埋干压条。春季，在圃地内按 50 厘米行距，开作深 10～15 厘米的浅沟，将砧苗顺沟栽植，覆土后踏实根部。将苗茎顺沟压倒，其上覆土厚 2 厘米，灌足底水。砧苗成活后，萌发大量萌条。当萌条生长到高 10 厘米左右时，在其基部培土，促使生根，秋季落叶后，将苗木刨起，按株分段剪开即可。采用这种方法，一般每株埋干苗，可繁殖砧苗 4～5 株。

压条繁殖时，圃地的整理、施肥和灌水等，与分株育苗相同。

2. 采穗圃建立　为规范苗木繁育，培育品种纯正健壮苗木，稳定的育苗企业应建立自己的采穗圃和标准化栽培示范园。采穗圃可分为砧木采穗圃和品种采穗圃。

（1）选址。选择 5 年内未种植果树苗木的熟地，要求土层深厚、质地疏松，灌排方便，远离常规果树或苗木种植区，封闭管理。

（2）脱毒砧木采穗圃。砧木来源清楚，栽植前登记各种砧木名称（包括外文名称）、品系、母株株系来源、病毒检测单位及时间。按砧木名称成行栽植，建议株距 0.75 米、行距 3.0 米，整理栽植示意图，做好标记。

（3）品种采穗圃。确保品种来源清楚、纯正，须是通过品种审定委员会审定的优良品种或具有发展潜力的推广品种，做好登记。顺行种植，一般株距 2.0 米，行距 4.0 米，小冠形或丛状形。脱毒采穗圃应进行隔离，建立在周边没有生产园的地方；小面积采穗圃进行防虫网覆盖隔离，防虫网规格以 60～80 目为宜。详细观察品种和砧木采穗圃的生长情况，一旦发现混杂或异常植株，及时除去。

加强肥水管理和病虫害防治，培育健壮发育枝。

3. 嫁接苗的培育　嫁接苗的培育包括苗圃建立、嫁接时间、嫁接方法、嫁接高度、嫁接后管理、苗木出圃等。

（1）苗圃建立。目前，个体育苗为提高育苗数量，生产中普遍育苗密度过大，行距 30～40 厘米，雨季早落叶，苗木质量差。为提高质量，培育优质苗木，培育大苗或带分枝苗木，提倡株距 20 厘米、行距 100 厘米，单行育苗，最好起垄育苗。也可双行带植起垄育苗，垄间距至少 150 厘米，株距 20 厘米。

（2）嫁接时期。一般当年 9 月和翌年 3～4 月。秋季嫁接，气温以 17～25℃为宜。过早，气温高，接穗幼嫩，雨水多，成活率低，流胶重。有育苗棚时，秋季可以延长至 10 月中旬芽接。春季嫁接，宜晚不宜早，接穗保存在冷库中，砧木活动后嫁接成活率高。有育苗棚夏季嫁接，使用上年度贮藏接穗效果好。

（3）嫁接方法。秋季带木质芽接，春季带木质部芽接或枝接。木质芽接时先在接芽下方 1 厘米处横切至木质部，再从芽的上方1厘米处向下斜削一刀,深入木质部0.2~0.3厘米,削过横切线。取下带木质的芽片,砧木的削切法与接穗相同(砧木选在光滑处),长度比接穗芽略长些,把接芽嵌入砧木,使接穗与砧本形成层对齐。砧木接口上方露出0.2~0.3厘米,然后用塑料条扎紧,露出芽。枝接(切接)时先将砧木从离地表8~10厘米处剪断,再在断面上选平直而光滑的一侧,在木质部与树皮之间垂直切下,其长度与接穗的长切面相等,然后选长7厘米左右、具有2~3个饱满叶芽的接穗,下端一侧削成3厘米左右的斜面,对侧削1厘米的斜面成一楔形,削面要光滑。将接穗大切面向里插入砧木的切口中,使两者的形成层紧密结合,再用塑料条将接口绑缚严实。

(4)嫁接高度。欧美苗木公司,一般在砧木地痕上20厘米左右处嫁接,个别砧木可以在30~50厘米嫁接;国内一般坐圃嫁接,在砧木离地面5~15厘米处嫁接。建议G6在20厘米左右嫁接,马哈利在30~40厘米嫁接。

(5)嫁接后管理。萌芽前,在接芽以上0.5厘米处剪砧。及时抹除砧木萌芽,以促使接芽萌发生长,接芽长出3~4片叶时,将砧木上萌发的新梢全部疏除。注意喷药防治叶斑病及梨小食心虫等。甜樱桃苗木因育苗密度大、根系生长空间有限及风的作用,很容易斜生,因此,当苗木生长至40~60厘米时,立支柱、支架绑缚引导苗木直立生长。

(6)苗木出圃。甜樱桃苗木落叶后,土壤封冻前,要进行起苗。起苗时要尽量深刨,确保根系完整,严防劈裂大根,起苗以后,剔除病弱苗、嫁接未成活苗,再根据苗木高矮及根系发育状况等进行分级。注明苗木品种、砧木、规格、数量。若春季定植或出售的苗木,必须假植。假植地点可选背风向阳处开假植沟,沟深1米,宽1~3米,长度根据苗木数量而定。将苗木单株摆开斜放在沟内,用细湿土将苗木全部埋严,并浇水,使埋土沉实,以防风干。

4. 无病毒苗木 欧美国家，樱桃苗木均为脱毒苗木，繁殖带病毒苗木属违法行为。我国目前还没有真正意义上的脱毒苗木，一般砧木脱毒，但接穗没有脱毒，严重影响产量。发展方向是培育无病毒苗木。

甜樱桃种植曾因病毒病危害而减产 30％以上，严重者全园崩溃。李属坏死环斑病毒侵染甜樱桃可使果园产量明显下降，减25％～50％，如果两种以上病毒复合侵染，减产幅度更大。据报道，樱亚属病毒有 68 种，其中，可以侵染甜樱桃的病毒约有34 种，比较常见的甜樱桃病毒有 20 种。国内樱桃无病毒苗木是指不携带李矮缩病毒（Prune dwarf virus，PDV）、李属坏死环斑病毒（Prunus necrotic ring spot virus，PNRSV）、樱桃小果病毒（Little cherry virus，LChV）、樱桃绿环斑驳病毒（Cherry green ring mottle virus，CGR‐MV）、樱桃病毒 A（Cherry virus A，CVA）、樱桃坏死锈斑病毒（Cherrynecrotic rusty mottle virus，CNRMV）、苹果褪绿叶斑病毒（Applechlorotic leaf spot virus，ACLSV）的樱桃苗木。

二、苗木采购

苗木采购提倡预约定苗，一般规划定植前 1～3 年联系育苗商，定向繁育适合自己的砧木、品种，培育分枝大苗、容器苗。优质苗木，根系完整，芽体饱满齐全，苗干直顺，组织发育充实。

1. 苗木选择 苗木购买时，首先，确定砧木品种、主栽品种、授粉品种，同时，考虑早、中、晚熟品种比例等；其次，考虑苗木规格，选择规格一致的良种壮苗。优质壮苗表现：苗干粗壮，直顺匀称，木质化程度高，无徒长现象；根系发达，主根完整，侧根多且分布均匀；砧木与接穗亲和力强，砧段长度适宜，无显著小脚现象；无病虫害，特别是根瘤病、流胶病、病毒病等。优质大苗对环境的适应力强，栽植成活率高，缓苗快，生长旺盛，建议选择大苗、壮苗。

依据各地气候条件、土壤质地和栽培管理水平确定合适的砧木品种。建议：丘陵山地宜选择生长势旺盛的砧木，如考特、马哈利等，特别是沙质薄地，不宜选择矮化砧木苗；平原地建议选择生长势稍弱的砧木，如 G6、ZY-1 等，抗旱、抗涝、抗寒、耐盐碱等；投入和管理水平较高的小面积果园，可以选择 G5 进行高密栽培。接穗品种，主栽品种一定要选择个大、硬肉、脆甜的早实丰产品种，充分考虑授粉品种配置，确保丰产稳产。

依据栽植模式选择砧木类型和苗木规格，如考虑避雨或大棚促成栽培时，为提早见效，选择大苗建园，同时考虑树体高度相对低些，宜选择矮化砧木；选择四年生以上大树移栽时最好带土球，提高成活率，减少缓苗时间。

2. 苗木出圃及保护 一至二年生苗，一般 11 月苗木落叶后、土壤封冻前出圃，以防冬季冻害或抽干。二至三年生大苗也可于翌年春季土壤化冻后出圃。依据苗的大小分级，一般按高度和粗度（嫁接口以上 10 厘米处直径）来分级。每 5～20 株 1 捆，绑扎根和梢部，注意保护苗干中部的芽体，轻拿轻放。苗木运输包装前根部蘸上泥浆保湿，再用包装材料包裹根部，用草绳捆紧。

苗木假植：选择避风、阴凉、排水良好的地方，挖假植沟，沟宽 1.0 米左右，深 0.6 米左右，长度根据苗木多少而定。将苗木呈 45°角斜面排列在沟中，使苗木根系在沟内舒展，再用细沙或不黏重的土壤将根系和苗干下半部盖严，略加振动使根与土密接，用细湿土埋好根系并踏实，以防透风失水。沟内土湿度以其最大持水量 60%～70% 为宜。假植苗木怕干、怕积水，冬季应及时检查。

三、苗木出圃、检疫与分级

一般于 11 月苗木落叶后、土壤封冻前，必须将当年生苗刨起，以防冬季抽干。二年生苗木和大苗也可于翌春土壤化冻后立即出圃。根据苗干高矮、粗细及根系发育状况等进行苗木分级。

为杜绝检疫性病虫害通过苗木传播，确保苗木质量，苗木出圃外运，必须严格按照《果树苗木产地检疫操作规程》，对各苗圃场的果树苗木实施产地检疫，确保我国果业的生产安全和健康发展。

樱桃苗木分级，可根据苗高和基部干粗（嫁接口以上 10 厘米处干的粗度）来分级。

一级苗：苗高 1.5 米以上，基径 18 毫米以上；

二级苗：苗高 1.0～1.5 米，基径 10～18 毫米；

三级苗：苗高 0.6～1.0 米，基径 8～10 毫米。

四、苗木包装、运输与假植

1. 苗木的包装

（1）苗木包装前的根系处理。包装前苗木根系处理的目的是较长时间地保持苗木水分平衡，为苗木贮藏或运输至栽植之前创造一个较好的保水环境，尽量延长苗木活力。常用的方法有浸水、蘸泥浆、蘸吸水剂和 HRC 等保湿吸水物质。

①浸水。浸水最好用流水或清水，时间一般为一昼夜，不宜超过 3 天。

②蘸泥浆。将根系放在泥浆中蘸根，使根系形成一湿润保护层，理想的泥浆应当在苗根上形成一层薄薄的湿润保护层，不至于使整捆苗木形成一个大泥团，苗捆中每株苗木的根系能够轻易分开，对根系无伤害。

③水凝胶蘸根。水凝胶蘸根是将一定比例的强吸水性高分子树脂（简称吸水剂）加水稀释成凝胶，然后把苗根浸入使凝胶均匀附着在根系表面，形成一层保护层，其目的在于防止苗根失水，保持苗木活力，这在美国林业上应用已十分普遍。

（2）包装材料。目前，常采用的包装材料有稻草片、纸箱、纸袋、塑料袋、化纤编织袋、布袋、麻袋、蒲包等，用不同材料包装苗木，其保护苗木活力的效果各异。

运输时间越长，水分丧失越多，根系活力下降越大。因此，在选择包装材料的时候，要根据苗木、环境条件、存放与运输条件及运输时间等因素选择适合的包装材料。

（3）包装方法。

①带土球单株包装。大苗应该采用此法。包装时可用蒲包、草绳等材料，将苗木根部土块捆紧，以防土块散落和苗根失水。

②卷包。此法多用于小苗。包装时先把包装物铺于地上，上面放些湿润物，如湿锯末、湿稻草等，然后把苗根蘸上泥浆或用吸水剂加水配成水凝胶蘸根，把苗木根对根放在上面，放苗到适宜的重量后，将苗木卷成筒状，用绳子捆紧。包装以后，每包附上标签，注明树种、苗龄、数量、等级和苗圃名称等。

③束包。较大的苗可用此法。将苗木以 5～20 株为 1 束捆好，根部蘸上泥浆，再用包装材料包裹根部，最好用草绳捆紧。

2. 苗木的运输　如果短距离运输，苗木可散放在筐篓中。在筐底放一层湿润物。再将苗木根对根地分层放在湿铺垫物上，并在根间稍放些湿润物。筐装满后在苗木上面盖一层湿润物。用包装机包装也要加湿润物，以保护苗根不失水为原则。

在运输期间，要经常检查包内的温度和湿度，如果包内温度高，要将包打开，适当通风，并更换湿润物以免发热。若发现湿度不够，要适当加水。运苗应选用速度快的运输工具，缩短运输时间。苗木运到目的地后，要立即将苗包打开，进行假植。但在运输时间较长、苗根较干的情况下，应先将根部用水浸一昼夜再进行假植。

3. 苗木的假植 苗木出圃后若不能及时定植或运出时，必须进行假植，以防脱水，失去生活力。假植分为临时性假植和越冬期假植。

（1）临时性假植。临时性假植适用于短期内不能定植的苗木。选择避风、阴凉、排水良好的地方，挖假植沟，沟宽 1 米左右，深 50 厘米左右，长度根据苗木多少而定。将苗木分级、捆扎、根蘸泥浆，成捆排列在沟中，用细湿土埋好根系和苗干下部并踏实，以防透风失水。

（2）越冬期假植。越冬期假植适用于秋末冬初起苗、翌年才能栽植或运出的苗木。

土壤冻结前选避风、排水良好、地势平坦处挖假植沟。沟东西走向较好，沟宽 1 米左右，深 60 厘米，苗木高大适当加深，沟长依苗量而定。将苗木单株顺沟排开，使根系舒展，再用细湿土将根系和苗干下半部盖严，略加振动使根与土密接。沟内土湿度以其最大持水量 60%～70% 为宜，即手握成团，松开即散。土壤过干时，应浇适量水，但水不能过多，以免根颈腐烂。根系埋土厚度以 20 厘米左右为宜，若太厚，则费工又易发热，使根发霉腐烂；若太薄，则起不到保水、保温作用。严寒北方埋土应略高于定干高度。

假植苗木怕干、怕积水，冬季应及时检查。根据实践，北方寒冷地域在大寒到来之前用土将干茎全部埋完并在沟上盖层塑料膜，既防寒流又防雪水下渗，效果更佳。

有条件时进行冷库贮存苗木，用沙或土将根埋好即可。

注意问题：无论是越冬长期假植，还是短期临时假植，都要记清品种、等级、数量等，做好假植记录。

苗木应及时假植，尽量缩短其在空气中的滞留时间，以最大限度地保住苗木本身水分，提高成活率。

假植沟的土一定要填实，以免透风失水。

第四章
樱桃园建立

樱桃建园，园地选择与整理、果园规划设计、土壤改良与培肥是基础；依据树形、地势等确定栽植方式、栽植密度及授粉品种配置是关键；栽植后第一年管理，整形修剪（如刻芽促枝、嫩枝开角）、绑缚中干、肥水管理和病虫防治是保障。高标准建设樱桃园，将对樱桃早实丰产、优质高效和省工省力管理，起到重要作用。

一、组织管理

1. 重视组织管理　过去一家一户独立生产独立销售的状况应改善，应有统一或相对统一的组织形式，管理、协调樱桃种植、安全管理和品牌建设、销售。主要组织形式：公司化组织管理、公司加基地加农户、专业合作组织、家庭农场、种植大户牵头生产基地等。

生产单位应建立与生产规模相适应的组织机构，包含生产、加工、销售、质量管理、检验等部门，并有专人负责。明确各管理部门和各岗位人员职责。

2. 重视人员管理　应有具备相应专业知识的技术人员，负责技术操作规程的制订、技术指导、培训等工作。必要时，可以外聘技术指导人员指导相关技术工作；有熟知樱桃生产相关知识的质量安全管理人员，负责生产过程质量管理与控制，应由本单位人员担任；从事樱桃生产关键岗位的人员应进行专门培训，培训合格后方可上岗；应建立和保存所有人员相关能力、教育和专业资格、培训等记录。

二、园地选择与规划

甜樱桃既不抗旱，也不耐涝，对土壤要求较高，中性偏酸，透气性好，花期容易冻害，应选择光照条件好温暖的阳坡栽植。

1. 园地选择

（1）土壤。土壤透水性要好。如果土壤渗水性不好，樱桃难活；越轻质的土壤越好，以丘陵或平原的沙壤土、砾质壤土或壤土为宜，pH 6.5～7.5，土层厚度一般要达到60～100厘米，透气性好，保水、保肥力强。黏土地、盐碱地、重茬地不宜栽培。甜樱桃枝叶繁茂，蒸发量大，且根系较浅，呼吸旺盛，对土壤水分状况比较敏感，建园宜选择地势高、不易积水、地下水位较低的地块，同时，灌溉条件要好，排水条件良好，不内涝。

（2）天气。樱桃园选址，春季的天气条件很关键，主要早晚温差和气温。樱桃容易遭受花期晚霜冻害，"雪下高山，霜打洼"，是否有霜冻出现，要观察拟种植地的霜冻具体发生时间和持续时间，总体温度不要低于0℃，开花时如果温度降到-2℃、-3℃，伤害就非常大了。因此，四面环山的盆地、地势低洼的平地、丘陵的深谷地等小气候区域不宜栽植樱桃。可以选择山区，冷空气下沉向下走，在坡地或山地上种植樱桃，开花时防霜冻。

（3）降水量。樱桃受降水的影响很大。雨水多时，流胶病发生严重，雨多会带来这种细菌，干燥就不会受到影响。遇雨裂果问题也是樱桃种植选址的主要限制因素，从果实转色开始至成熟阶段，下雨都会对果实有影响，有果裂风险。适合樱桃种植的区域最好是气候干燥，采收季节大多数时候没有雨，流胶病和裂果的风险小。

（4）需冷量。需要 600～1 000 小时以上的冷凉时间，不同品种，需冷量不同，根据温度高低和昼夜温差等，计算方式不同。

2. 果园规划 栽植前根据园地面积和形状，首先，应对栽植行向、密度和方式做出合理安排。大面积连片果园，还必须设计道路系统，便于物资运输。其次，应建设必要的辅助设施，修造灌溉排水系统、农药库、配药池、库房等。山地或丘陵建园，要建设必要的水土保持工程和营造防护林。

（1）栽植行向。一般采用南北行。因为东西行吸收的直射光要比南北行少 13%，而且南北两侧受光均匀，中午强光入射角度大；东西行树冠北面自身遮阴比较严重，尤其是密植园盛果期间株间遮阴更为突出。

（2）栽植密度。现代栽培，提倡矮化密植，株行距选择上主要采用宽行密株，一般要求行距比株距大 2 米左右，如果考虑机械作业，行距还应再宽些。依据不同树形、砧木选择不同栽植密度，例如，采用 G5 矮化砧木进行高纺锤形高密度栽培，可以考虑株距 0.5～1.0 米，行距 3.2～3.5 米，选择直立主枝（UFO）树形，株距 1.5～2.0 米，行距 3.5 米；采用 G6，进行细长纺锤形或 KGB 树形，推荐株距为 1.5～2.0 米，行距 4.0～4.5 米；选择马哈利或考特砧木，在沙壤地进行纺锤形密植，推荐株距为 2.0～2.5 米，行距 4.5～5.0 米；建议日光温室或塑料大棚促成栽培，可以适当缩小行距，采取宽窄行设计或双行带植。

在果园防护上，不提倡用高大的围墙、花椒、枳甚至树莓、葡萄等圈起来，易造成果园通风透光条件差、树体徒长、虚旺、抗病能力差，影响产量和品质。

3. 土壤整理与培肥 首先进行土壤分析与改良。定植前，进行土壤分析，依据结果对土壤 pH 和有机质含量进行调整，适宜的 pH 为 6.5～7.5，适宜的有机质含量在 1.5％以上。土壤改良，施足基肥，一般每亩施腐熟的羊粪或土杂肥 5 000 千克，撒施后，进行全园耕翻耙平；提倡顺行开沟，定植沟的宽度为 100 厘米，深度 60～70 厘米。回填时，沟的底部可放一些作物秸秆，也可结合施一些有机肥，下部应用原土层土或用结构松散的沙土回填，以提高透水性，表土回填在上层。沿行向起垄，垄宽 100～180 厘米、高 20～50 厘米，起垄栽培，需要配套管道灌溉设施。生产中，也进行台田起垄，定植前做成高 30 厘米、宽 1.2 米的台田，两边包垄，方便灌水；还有宽台田起垄，即在行间中部开沟，宽 1.0 米左右，定植时根部与原地面持平。

丘陵地不提倡整成台田，提倡管道肥水、顺坡成行栽植，方便行间机械作业。

如果园地较小或不便利用机械作业，可采取挖穴定植，一般直径 100 厘米，深度 60 厘米。对已有梯田，应挖好堰下排水沟和贮水坑，以切断渗透水，防止内涝。堰下沟的深度依地堰的高度而定，地堰低可挖浅一些，地堰高应挖深一些，一般挖宽 60 厘米、深 50～60 厘米为宜。

三、标准化建园

1. 定植时期 甜樱桃一般在春、秋两个季节栽植。因甜樱桃不耐寒，最好还是在春季栽植。尤其是在冬季多风、干旱、地势低洼、温度低的地方，秋栽苗木容易失水"抽干"，影响生长发育，降低成活率。

春季栽植宜在土壤解冻后至苗木发芽前进行，宜在近发芽期定植成活率高。

秋季栽植即苗木从落叶后至土壤冻结前栽植，这时由于土壤温度较高，墒情较好，栽后根系伤口容易愈合，有利于根系恢复和发生新根。一般栽植成活率高，缓苗期短，萌芽早，生长快。

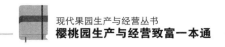

冬季寒冷地区，采用秋栽方法，栽后埋土防寒是必不可少的措施，否则很容易发生抽条，降低成活率。

果园缺株补植可以早秋带叶移栽，一般在 9 月下旬至 10 月上旬进行。提倡带土球，随挖随栽，栽后及时灌水。以阴雨天或雨前定植为好。

苗木处理：登记分级，栽植前对苗木的砧木、品种进行审核、登记和标志，进行根系修剪和苗木分级，为保证果园整齐，大苗、壮苗集中栽于一片，小苗、弱苗栽于另一片；根系处理，栽植前先将苗木根系放入清水浸泡根系 12～24 小时，再用加有 K84 和生根剂的泥浆蘸根，促发新根，抑制根瘤。

2. 栽植密度　根据园地立地条件、土壤质地、品种特性及砧木种类、整形方式等具体情况进行设计，合理利用土地，充分利用光能，以取得较高的效益。提倡宽行密株。土壤肥沃、水浇条件好的平地园片，乔砧密植模式，推荐密度一般株距 2～3 米、行距 4.5～5.5 米，株行距大小因选择的树形而异，例如，丛枝形推荐株行距为 2.5 米×5.0 米，细长纺锤形推荐株行距为 2.0 米×4.5 米，不定干的 V 形整枝株行距为 0.75 米×（5.0～5.5）米；矮砧密植模式，一般株距 1.5～2.0 米，行距 3.5～4.5 米，如高纺锤轴形（Tall Spindle Axe）推荐株行距为 0.75 米×3.5 米，可以不定干；细长纺锤形株行距为（1.5～2.0）米×4.5 米，直立主枝树形（UFO）推荐株行距为 1.8 米×3.5 米。计划密植或设施促成栽培，树体管理更加精细，可以加密栽植。丘陵果园，可采用（2～3）米×（4～5）米。

3. 定植方法　全面深翻的园地，不需再挖大的定植穴，可根据苗木根系的大小挖坑栽植。挖定植穴和定植沟的园地，要在栽植前，先将部分表土、土杂肥混合均匀，回填至坑内，略微踏实。苗木栽植时，把苗木放入定植穴中，伸展根系，纵横方向对齐，再开始埋土，土中可混入少许磷肥和尿素，但不宜过多，防止烧根。填土过程中，要将苗木轻轻上提，使根系舒展，最后踏实，深度与原来的苗圃的入土位置相同。切记栽植过深。

苗木栽植后要随即浇水，水渗入后，用土封穴，并在苗木周围培成高 30 厘米左右的土堆，以利保蓄土壤水分，防止苗木被风吹歪。苗木发芽后，要视天气情况，及时灌水和排水，以利成活，促使新梢迅速生长。

值得说明的是，栽树不必挖大坑、施大肥、浇大水，以刚好能舒展地放下根系为好，将苗木栽在地表 20～30 厘米的耕作层即熟土上，根据土壤墒情少量浇水即可。这样栽的树发苗快，前期生长迅速，又省工，投资小。

4. 支架设置 苗木栽植后要设立支架。支架材料有钢管、水泥柱、竹竿、铁丝等。顺行向每隔 10～15 米设立一根高 4 米左右的钢管立柱，上面拉 3～5 道铁丝，间距 60～80 厘米。每株树设立 1 根高 2.5 米左右的竹竿，并固定在铁丝上，再将幼树主干绑缚其上。

四、第一年管理

苗木定植后当年就应加强土肥水、整形修剪、病虫害防治等各方面的管理，确保苗木生长健旺。定植后当年的长势强弱对以后几年的长势影响很大，定植当年生长健旺，则树冠成形快，结果早，为以后早果、丰产、稳产打下坚实的基础。

1. 灌水 苗木栽植后要确保浇灌 3 次水，即栽后立即灌足水，等水充分渗入后再覆土，之后每隔 7～10 天灌水 1 次，连灌两次，以后视天气情况浇水促进生长，这是保证栽植成活率的关键。有条件管理，定植后立即安装管道灌溉系统，省工省力。

2. 定干抹芽 甜樱桃树极性强，幼树期若不加强管理，往往造成主枝过大，横向生长量大，树势不易控制。因选择树形和苗木质量进行定干处理，纺锤形一般在 80～100 厘米处定干，剪口距第一个芽 1.0 厘米，第二个芽会发育成竞争枝，及时抹去或生长至 15～20 厘米时回缩控制生长；留第三个芽，第四、五个芽抹去，留第七个芽，依此进行，距地面 40 厘米以下不留芽。杯状形或小冠疏层形，40～60 厘米定干。高纺锤形或直立主枝树形，不定干。严格控制强侧枝生长，保持中干直立。

3. 整形 当年当新梢长到 20 厘米左右时，将主干上部的新梢全部从基部抬剪疏除，迫其重发，使中干与其上着生主枝的枝龄差开，以确保中干的优势地位。如果当年未采取该措施，则于翌年春芽体萌动前将主枝从基部抬剪疏除，同时将中干进行中短截，并配合间隔刻芽促萌。翌年，对中干进行中短截，同时在需要出枝的部位进行刻芽；对主枝轻短截，并对其进行刻芽。

4. 防倒伏 甜樱桃树根系浅，如遇大雨、刮大风的天气，树体容易倒伏。倒伏后扶树，容易引起死枝、死树，影响果园产量。苗木定植后立竹竿，在苗木一侧插入粗 2～3 厘米、高 2～3 米的竹竿，将苗木中干绑缚于竹竿上，防止倒伏，有条件的果园，最好立支架，辅助中干直立生长。

5. 施肥 5～7 月进行 2～4 次追肥，5 月中下旬，追 1 次肥，株施 0.1 千克左右尿素。5～6 月结合施肥、浇水，将苗木周边覆土 10～15 厘米整理。7 月可再追 1 次肥，此次追肥施用优质复合肥（$N：P_2O_5：K_2O=1：0.5：1$），株施 0.1～0.2 千克，放射状沟施。9 月施基肥，株施果树专用肥 1～1.5 千克。9 月施完基肥，第二次为覆土整理垄面，80～120 厘米宽的垄。施肥时应薄肥勤施，施后灌小水，不可离根系太近或施肥太集中，以免烧根。待新梢长到 15 厘米左右时，即可开始叶面喷肥促进新梢生长，可与土壤追肥错开交替进行，此期可施 0.2%～0.3%尿素。新梢停长后可施 0.3%～0.5%磷酸二氢钾，促进枝梢组织充实，提高抗寒性，以利越冬。

6. 生草覆盖 树盘进行地膜、地布覆盖，具有增温、保温、蓄水保墒。行间进行人工种草或间作矮生作物。行间不要间作高 50 厘米以上的作物，且间作物与幼树要保持 1.2 米的清耕带。

7. 病虫防治 定植当年应十分重视病虫害防治工作。萌芽后幼梢易受金龟子、毛虫、蚜虫、兔、鼠等危害，定植后苗干套塑料袋、苗干上绑上带刺的树枝或涂石硫合剂等可防止。展叶后，药剂防治蚜虫、卷叶蛾、毛虫和叶螨等，同时注意人工捕捉。休眠期进行清园。

8. 防止冻害 在冬季较为寒冷的地区，为防止冬季发生抽条、日灼等，在定植第一年埋土防寒，或树干涂白。土壤封冻前进行树干涂白，涂白剂配方为 1 份硫酸铜、3 份生石灰、25 份水、1 份豆面；涂白后在树苗根茎部培高 40 厘米、宽 40 厘米左右的土堆。幼树防寒效果好。早春解冻后立即灌水。在春季风沙较大的地区，春栽后应立即埋土保墒，防止风害。

第五章
樱桃生产管理

樱桃园生产管理，除了人的组织管理外，主要是土壤、树体、花果、病虫、灾害等管理。土壤管理，主要是选择适合的土地，定植前进行土壤改良、培肥、起垄，地布覆盖、生草等，同时开展施肥、灌水管理，特别是水分管理，既不能旱，也不能涝，还要省工省力，提倡管道水肥一体化。树体管理，首要的任务是确保树体健壮，树干通直粗壮，侧枝配置适当，突出枝干比，干强枝弱，容易控制，整形修剪过程中，重视微修剪、顶端控制，使树体骨架突出，结果枝年轻有活力，提倡生长季以修剪为主，休眠期修剪为辅。为确保树体健壮，必须重视花果管理，尤其合理负载，重视叶片保护，特别是病虫防治。樱桃受气候等因素影响严重，花期冻害、遇雨裂果、畸形果、鸟害等，需要设施保护，才可确保丰产稳产优质！

一、土肥水管理

樱桃园地面经营管理，重点是土壤培肥，增加有机质，生草除草；科学施肥灌溉，水肥一体化，既要保障肥水，又要减肥、防涝、防干旱，保障树体生长健壮、长势中庸偏强，保持营养生长与生殖生长平衡，延长经济寿命。

1. 土壤管理　目前，果园土壤普遍存在板结、瘠薄、有机质含量低、矿物营养比例失衡、土壤酸化、盐渍化及土壤污染等问题。通过土壤改良和养分管理，增加土壤有机质，为根系创造优越环境，保证养分均衡供应，保障树体健壮，生产优质大果。

（1）土壤培肥改良。土壤状况直接影响根系的发育。因此，培肥地力、沃土养根壮树是樱桃栽培最基本的工作。樱桃的根系呼吸旺盛，要求土壤透气性好，适宜的土壤 pH 6.0～7.5，土层厚度 40 厘米以上，有机质含量高于 1.2%。生产中许多果园土壤有机质含量低，部分园片土质黏重、透气性差，易旱、易涝，种植甜樱桃必须土壤培肥改良。土壤培肥措施主要包括土质改良、增施有机肥、起垄覆盖、果园生草等。

①土质改良。

A. 山丘粗骨土。土壤透气性较好，但干旱瘠薄，水土流失严重，保水保肥能力差，常因缺肥缺水使树体生长迟缓，叶片小、黄、质脆，生产能力差，经常发生缺素症（如缺锌、缺硼等）。应大量增施有机肥以提高土壤肥力水平和保水保肥能力。栽前整修梯田等水土保持工程，注意深翻改土、加厚土层等，并注意矫正缺素症。

B. 沙滩地。透气性好，养分分解速度快，根系发达。但土壤瘠薄，保水保肥能力差，雨季易漏水漏肥，肥水供应不稳定，树势易衰弱。肥水大量供应时，因根系发达，透气性好，容易引起短期旺长。另外冲积土平原沙滩地下部常存在黏板层和地下水位过高的问题。应大量增施有机肥，提高保肥保水能力。注意打破黏板层，降低地下水位，定植沟下部埋草改良土壤。

C. 黏土地。土壤保水保肥力强，但通气透水性差，根系分根少、密度小，雨季易积水引起秋梢旺长和新梢中下部叶早落。应深翻增施有机肥，掺沙或砾石改善土壤透气性。栽前挖排水沟。

D. 盐碱地。甜樱桃对土壤的酸碱度有一定的要求，如果土壤的 pH 超过 7.8 时，则需土壤改良。沿海地区气候较适于甜樱桃生长发育，但土壤往往存在不同程度的盐碱。有效的改良方法：在定植前挖沟，沟内铺 20～30 厘米厚的作物秸秆，形成一个隔离缓冲带，防止深层土壤盐分上移。勤中耕松土，切断毛细管，减少土壤水分蒸发，从而减少盐分在表土的积聚；采用地面生草、覆盖地布、种植绿肥等措施，可有效改良盐碱土壤。

②增施有机肥。有机肥能改善土壤结构，增强土壤保水、保肥、透气、调温和对酸碱的缓冲能力，防止土壤板结。在山区、丘陵等地樱桃园，土壤有机质含量严重不足，连年增施有机肥可显著改变现状。

有机肥料通常分为农家肥、商品有机肥等。农家肥包括堆肥、沤肥、厩肥、沼气肥、绿肥、农作物秸秆肥、泥肥、草炭肥、饼肥、生物菌肥等多种。有机肥一般用量较大，每亩施用量 3 000～5 000 千克，可用作基肥一次性施入土壤。

（2）起垄栽培。地下水位高的果园，提倡起垄栽培，除挖沟改良土壤外，起垄前撒施充足土杂肥后浅松土，新建果园沿定植行线将行间的表土与充分腐熟的有机肥（占总体积30％）混匀，沿行向培成垄，垄高 20～50 厘米，底宽 1.5～2.0 米，成弧形，将苗木栽植在垄上。垄可以逐年培土完成。第一年定植时起垄，垄高应稍高于预期的高度，便于土壤浇水后沉实，整个垄面要相对平整，方便覆盖园艺地布，防止雨季因土壤不平造成积水，引起涝害。部分园片，在行间挖沟，将土壤垫在树行内，形成平台栽培，虽然能及时排除降雨后的雨水，但平台宽大，土壤中水分多，控水限根作用有限，而且行间不便于机械作业。还有部分果园，起大垄、高垄，虽排水通畅，但作业困难。

（3）地面覆盖。覆盖是指在樱桃园地面覆盖有机或无机材料，改善土壤状况的一种管理方式，旱时减少土壤水分蒸发、涝时减少土壤水分蓄积，调节土壤温度，抑制杂草，提高土壤肥力等。覆盖物多为除草地布、无纺布、地膜和各种作物秸秆、杂草等。

起垄栽培，垄面覆盖除草地布，可以抑制杂草生长，减少雨季水分在垄上蓄积，使雨水快速流走。

设施促成栽培，地面覆盖地膜，可以提高地温，并减少土壤水分蒸发，减少环境空气湿度。

起垄覆盖地布、地膜，可以有效降低果实发育期土壤水分剧烈变化，减少降雨引起的裂果现象。

覆草能有效地减少土壤水分蒸发，提高土壤含水量，是旱地樱桃园一项重要的保墒措施；能稳定土壤温度，提高土壤有机质含量，改善土壤理化性状，促进土壤团粒结构形成，增加土壤有效养分含量；抑制杂草生长。

（4）果园生草。果园生草是现代果园土壤管理制度的重要变革。通过生草，可以改善果园生态环境，提高土壤肥力，保持土壤水分，实现果园环境友好、安全优质生产。果园生草后，一般每年刈割 1～3 次覆于树盘下，用作培肥地力。在年降水量 500 毫米以上或者有灌溉条件的果园均可实行生草栽培。

①优点。果园生草可改善果园环境。果园生草后一方面缓和降雨对土壤的直接侵蚀，减少地表径流，防止雨水冲刷，减少水土流失；另一方面减少土壤水分蒸发，提高土壤水分含量及水分利用率。果园生草可以降低土壤昼夜温差，起到平稳地温的作用，为根系的生长提供了稳定的环境。生草可以改良土壤结构，降低土壤容重，提高土壤孔隙度，从而改善土壤物理性状，增强土壤保水、保肥能力。果园生草可以增加土壤肥力。生草后草类的枯叶枯根等残体在土壤中降解、转化，形成腐殖质，土壤中的有机质含量随生草年份的增加不断提高。果园生草后进行刈割覆盖，当其腐解后，草体中的养分便释放到土壤中，从而提高土壤中相应的养分含量，尤其是微量元素的含量，因此，生草果园缺素症不明显。生草还增加了土壤生物数量。凋落物、刈割物及根系分泌物为土壤微生物提供了丰富的营养物质，使土壤微生物种

群和数量的明显高于清耕果园；另外，生草果园蚯蚓的数量显著增加，有利于改良土壤和生物质的分解和养分的释放。果园生草降低了土壤表层和地上部的温度，提高了近地表和冠层的相对湿度。草地昆虫提供了良好的环境，明显增加了昆虫的多样性。果园生草可以抑制果树过度的营养生长，促进营养生长和生殖生长的平衡，利于花芽分化。另外，果园生草后机械刈割，每年2～3次，不必除草深翻，从而降低生产成本。生草后不怕踩踏，雨后不泥泞，人和机械可以通过，打药方便，不误农时。

②草种。适合樱桃园栽培的草种主要是禾本科和豆科。果园生草中所采用的豆科草种有白三叶、红三叶、紫花苜蓿、沙打旺、多变小冠花、紫云英、田菁、苕子、扁茎黄芪草等；禾本科草种有多年生黑麦草、草地早熟禾、鸭茅、牛筋草、结缕草、燕麦草等。黑麦草耐践踏，自然生长高度30～50厘米，每亩播种量为1～1.5千克；出苗快、苗期短，可生长4～5年。毛叶苕子抗寒性强，自然生长高度40～60厘米，每亩播种量为3～5千克。三叶草根系浅，与树体竞争养分少，覆盖率高，保墒好，耐阴、耐践踏，每亩播种量为1千克，播种一次可维持5～8年。

果园人工生草要根据土壤条件和树龄大小选择适合的生草种类，可以是单一的草种，也可以是两种或多种草混种。通常人工生草多选择豆科与禾本科草混种。豆科草种根瘤菌有固氮能力，能培肥地力；禾本科耐旱，适应性强。

③生草模式。果园生草有全园生草、行间生草、全园生草树盘清耕、行间生草行内（株间）覆草等模式。土壤深厚、肥沃、根系分布深的果园可以全园生草；土层浅而瘠薄的土壤适合行间或株间生草。幼龄园适宜行间生草，成龄果园适宜全园生草。行间生草行内（株间）覆草是在果园行间进行2.0～2.5米的带状生草，行内1.0～1.5米带状清耕处理，当草长至40～50厘米高时刈割覆盖于行内。行间生草行内（株间）覆草模式不仅可以改善果园小气候，而且也易于改善土壤生态效应，改善土壤物理性

状，提高土壤肥力。全园生草树盘清耕是将树干周围留有直径40～60厘米的盘状清耕外，其他地面进行生草处理。

④播种。生草一般在春、秋两季进行，以秋季为宜。种植方式条播、撒播均可，春季以条播为好，行距20～30厘米，秋季以撒播为好。播种前，先把行间杂草清除，然后行间种草，株间清耕。行间播宽2米左右，播前结合深翻果园，施磷肥50千克/亩、尿素5～7千克/亩，把地整平搂好，然后将种子与适量细土（或细沙）拌匀后撒播在地表，覆土0.5～1.0厘米。播种时可结合天气预报，采用干种等雨的方式，或播种后及时洒水保湿。

⑤苗期管理。

A. 人工生草。苗期施尿素4～5千克/亩。每年还应施尿素15～20千克/亩，可结合灌水施用。苗期应保持土壤湿润，如遇长期干旱也需适当灌溉，苗期还要清除杂草，尤其是蓼、藜、苋等恶性阔叶杂草。当草长到30～50厘米时进行刈割，每年可刈割2～3次，刈割时留茬10～15厘米。割下的行内覆盖。播种当年不宜刈割，从第二年开始，每年可刈割2～3次，5～7年后，秋季进行全园翻压，再重新播种生草。

B. 自然生草。选用当地自然生长的杂草资源配套种植，最好选用荠菜、野艾蒿、狗尾草等可以自行繁殖的草种。对恶性杂草，如豚草、葎草（拉拉秧）等，应及时铲除或拔除。自然生草生长量较大，一般每年刈割3～4次，9月中旬后不再刈割。

2. 施肥管理 养分充足是树体健壮和丰产优质的前提，也是培肥沃土的关键因素之一。只有加强养分管理、科学施肥，才能达到养根壮树的目的。

（1）施肥原则。甜樱桃施肥要从产品产量和质量及环境安全考虑，根据树体本身的营养吸收和利用规律，进行配方施肥、营养诊断施肥。肥料以有机肥和有机无机复混肥为主，以化肥为辅。有机肥和化肥配合施用是提高肥效的有效途径。还可追施生物菌肥和腐殖酸类等。通过合理施肥使土壤有机质含量达到

1.5%以上。

（2）需肥特点。甜樱桃从开花至果实成熟发育时间较短，早熟品种 35 天左右，晚熟品种约 80 天，从展叶、开花、果实发育到成熟都集中在生长季节的前半阶段，可见甜樱桃生长具有发育迅速、需肥集中的特点。由于早春气温及土壤温度较低，根系的活动较差，对养分吸收的能力较弱。因此，在生长的前半期主要是利用冬前在树体内贮藏的养分，贮藏养分的多少及分配对樱桃早春的枝叶生长、开花、坐果和果实膨大有很大影响。根据这一特点，在樱桃施肥上，要重视秋季施肥，追肥要抓住开花前后和采收后两个关键时期。

甜樱桃对钾、氮需求量多，对磷的需求量较少。一年中甜樱桃从展叶至果实成熟前需求量大，采果后花芽分化期次之，其余时间需肥量较少。生产中应抓好秋季、结果期及采果后 3 遍肥，对沃土养根壮树、增产提质十分关键。施肥种类和施肥量要根据土壤肥力状况、栽培密度、树体生长发育状况而定。

（3）施肥种类。樱桃园常规施肥不仅要考虑氮、磷、钾，更重要的是要补充有机质，同时，还需要考虑适当补充钙、硼、镁等中微量元素。

选择肥料的种类主要包括有机肥、复合肥、土壤调理剂和叶面肥，其中，有机肥以生物有机肥或经微生物发酵后无异味的有机肥为佳。基施化肥可选择肥效较久的控释肥、缓释肥或复混肥、复合肥，追肥应选择肥效快速的复合肥或冲施肥、水溶肥。土壤调理剂最好使用弱碱性且含钙、镁、硅等元素的产品。叶面肥可根据不同时期果树的生长需要，选择适合的营养元素叶面肥。结果期樱桃园土壤氮、磷、钾的适宜比例为 $1:0.5:1$。

配方施肥是以叶片测试（或土壤测试）为基础，根据甜樱桃需肥规律、供肥性能和肥料效应，在合理施用有机肥料的基础上，提出氮、磷、钾及中微量元素等肥料的比例、适宜用量、施肥时期及相应的施肥技术。在甜樱桃盛花后 8～12 周，随机采取树冠外围中部新梢的中部叶片，进行营养分析，将分析结果与表中的标准相比较，可诊断树体营养状况，并指导配方施肥。

表 5-1　甜樱桃叶片营养诊断标准

元素	缺素	适宜	过量
氮（%）	<1.7	2.2~2.60	>3.4
磷（%）	<0.09	0.15~0.35	>0.4
钾（%）	<1.0	1.6~3.00	>4.0
钙（%）	<0.8	1.40~2.40	>3.5
镁（%）	<0.2	0.3~0.8	>1.1
硫（%）	—	0.2~0.4	—
钠（%）	—	0.02	>0.5
氯（%）	—	0.3	>1
锰（$\times 10^{-6}$）	<20	40~60	>400
铁（$\times 10^{-6}$）	<60	100~250	>500
锌（$\times 10^{-6}$）	<15	20~50	>70
铜（$\times 10^{-6}$）	<3	5~16	>30
硼（$\times 10^{-6}$）	<15	20~60	>80

（4）施肥时期和用量。

①基肥。秋季施用基肥是最佳的时间，能增加树体营养贮存，对翌年树体生长、开花坐果有很大的优势。山东地区，提倡9~10月施用基肥。

基肥以有机肥料为主，配合使用使用复合肥、复混肥，基肥用量占全年施用量的50%~70%。秋施基肥正值根系第二、三次生长高峰，伤根容易愈合，切断一切细小根，起到根系修剪的作用，可促发新根。此时，甜樱桃地上部分新生器官已渐趋停止生长，其所吸收的营养物质以积累贮备为主，可提高树体营养水平和细胞液浓度，有利于翌年开花和新梢早期生长。不同树龄甜樱桃施肥量见表 5-2。

表 5-2　不同树龄甜樱桃的施肥量（千克/亩）

树龄	有机肥	尿素	过磷酸钙	硫酸钾
1～5 年	1 500～2 000	5～10	20～30	3～5
6～10 年	2 500～3 500	10～15	30～40	5～10
11～15 年	3 500～4 500	15～25	30～50	10～30
16～20 年	3 500～4 500	15～25	30～50	10～30
21～30 年	4 500～5 000	15～30	35～60	15～35
>30 年	4 500～5 000	15～30	35～60	10～30

②追肥。

A. 盛花末期追肥。该时期是甜樱桃需肥较多时期，在开花期间植株消耗了大量的养分，高的坐果率、幼果迅速生长及新梢生长加速，都需要充足的氮肥营养供应。可使用氮肥、复合肥等。

B. 果实迅速膨大期追肥。该时期是新梢和果实迅速生长期，也是樱桃果实着色和成熟期，植株需肥量大，时间集中。此时应追施复合肥，并叶面喷肥，同时加入可以提高果实抗裂果性、提高果实品质的微量元素一起喷施。

C. 采果后追肥。由于开花结果树体营养亏缺，又加上此时正是花芽分化盛期和营养积累前期，需及时补充营养。此时应追施复合肥、豆饼肥等。为了促进化肥利用率，减小劳动强度，提高化肥效果，可以使用水溶肥。

③根外追肥。根外追肥具有见效快、节省肥料等优点，主要集中于年周期的前半期施用，因为这一时期养分消耗多，叶面追肥可及时补充消耗，对提高坐果、增加产量和改善品质有较好的作用。萌芽前可喷 2%～4%尿素 1～2 次；萌芽后到果实着色之前可喷 2～3 次 0.3%～0.5%的尿素；花期可喷 0.3%硼砂 1～

2 次；果实着色期喷 0.3％磷酸二氢钾 2～3 次；采果后及时喷 0.3％～0.5％的尿素 1～2 次。

（5）施肥方法。

①幼树期施肥。定植前每亩全园撒施或定植沟施 5 000 千克腐熟土杂肥，深翻，灌足水分，起垄或整平；苗木定植时定植穴内株施尿素复合肥 50 克，与土拌匀，然后覆一层表土再定植苗木。5 月以后要追施速效性肥料，结合灌水，少施勤施，防止肥料烧根。为了促进枝条快速生长，不能只追氮肥。虽然甜樱桃对磷的需求量远低于氮、钾，但适量补充磷肥，有利于枝条充实健壮。一般采用磷酸二铵和尿素的方式追肥，每次株施磷酸二铵＋尿素 0.15～0.2 千克。

②结果树施肥。基肥，9～10 月在树冠外围开沟施用，以有机肥为主，配合适量复合肥、钙硼肥。每亩施土杂肥 5 000 千克＋复合肥 100 千克。

硬核前后，结合灌水，每 100 千克果施用高氮高钾速溶性肥料 1～2 千克；采果后，每 100 千克果施用尿素 1.5 千克，磷酸二铵 1 千克，树势过旺结果少的可以不施。在土壤不特殊干旱条件下要干施，即施后不浇水。

根外追肥，花前（花露红或铃铛花）、谢花、膨果期（硬核后）各喷 1 次优质叶面肥。

3. 合理灌溉　甜樱桃根系分布浅，大部分根系集中在地面下 20～50 厘米范围内，既不抗旱也不耐涝，与其他落叶果树相比，甜樱桃叶面积大，蒸腾作用大，对水分要求比苹果、梨等强烈。在干热的时候，果实中的水分会通过叶片大量损失，这也是山地无灌溉条件的果园，在干旱时果个小、易皱皮的原因。甜樱桃幼果发育期土壤干旱时会引起旱黄落果；果实迅速膨大期至采收前久旱遇雨或灌水，易出现不同程度的裂果；刚定植的苗木，在土壤不十分干旱的条件下，苹果、梨苗不死，而甜樱桃苗就易死亡；涝雨季节，果园积水伤根，引起死枝死树；久旱遇大雨或灌大水，易伤根系，引起树体流胶；当土壤含水量下降至 10% 时，地上部分停止生长；当土壤含水量下降至 7% 时，叶片发生萎蔫现象；在果实发育的硬核期土壤含水量下降至 11%～12% 时，会造成严重落果等。可见，甜樱桃园既要有灌水条件又要能排水良好。

（1）灌水。鉴于甜樱桃对水分及土壤通气状况的要求较为严格，灌水应本着少量多次、平稳供应的原则进行。既要防止大水漫灌导致土壤通气状况急剧恶化，又要防止土壤过度干旱导致根系功能下降，尤其在果实迅速膨大期至采收前，既要灌水，又要防止土壤过干、过湿，以免引起裂果。特别是雨季，必须及时排水，预防涝害。

在甜樱桃生长发育的需水关键期灌水，大致可分为花前灌、花后水、采前水及秋施肥水等。

①花前水。因气温低，灌水后易降低地温，开花不整齐，影响坐果，所以，花前在土壤不十分干旱的情况下，尽量不灌水。若需灌水，灌水量宜小，最好用地面水或井水经日晒增温后再灌入。

②花后水。开花后应根据土壤墒情适当灌水，一般不提倡开花期灌水，防止因灌水造成树体新梢生长旺盛，导致养分竞争，引起落花落果。

③采前水。果实发育期，坐果、果实膨大、新梢生长都在同时进行，是甜樱桃对水分最敏感的时期，称为需水临界期。通常，谢花后要灌水，硬核期不灌水，果实迅速膨大期至采收前依降雨情况灌水 1～2 次，正常年份灌水两次。

④秋施肥水。9 月秋施基肥后灌 1 次透水。

（2）雨季排水。樱桃树是最不抗涝的树种之一，在建园中以及日常管理上一定要注意防止内涝。

平原黏土地果园土壤通透性差，早春地温回升慢，影响根系活动，雨季容易积水，导致根系窒息，引起早期落叶，影响植株生长发育，建议起垄栽培。起垄后增加了水分散失的面积，垄面土壤不板结，透气性大幅度提高，根系分布在透气性明显改善的垄中，细根量大，根系发达、健壮，吸收能力强，植株生长发育强壮。

未起垄的果园在雨季来临之前，要及时疏通排水沟渠，并在果园内修好排水系统，这对平地果园十分必要。具体做法是在行间开挖 20～25 厘米深、40 厘米宽的浅沟，与果园排水沟相通，挖出的土培在树干周围，使树干周围高于地面；再在距树干 50 厘米处挖 4 条辐射沟，与行间浅沟相通，辐射沟内填埋玉米秸秆。如遇大雨便可使果园内雨水迅速排出，避免积涝。同时在每次降雨以后要及时松土，改善土壤的通气状况，防止雨季烂根。

4. 水肥一体化技术 水肥一体化是根据树体需水、需肥规律和土壤水分、养分状况将肥料和灌溉水一起适时适量准确地输送到根部土壤，供给树体吸收，也称为灌溉施肥、加肥灌溉或管道施肥等。通过灌溉系统施肥，树体在吸收水分的同时吸收养分。通常与灌溉同时进行的施肥，是在压力作用下，将肥料溶液注入灌溉输水管道而实现的。溶有肥料的灌溉水，通过灌水器（喷头、微喷头和滴头等），将肥液滴入根区。广义地讲，就是把肥料溶解后施用，包含淋施、浇施、喷施、管道施用等。

在常规水肥管理下，施肥和灌溉两项操作是独立进行的。这不仅增加劳动工序和用工量，而且造成施肥和灌水的分离和错位，水肥吸收无法同步进行，导致水肥利用率下降。水肥一体化可使水、肥同步管理，极大地削减了劳动强度和劳动力，操作简便、运用灵活。水肥一体化技术可将肥料直接带到根系周围，提高了肥料与根系的接触面积，提高了肥料利用率，减少肥料用量，每亩用肥量可以节约 30％左右。水肥一体化可以根据果树生长习性、施肥规律及树势，随时结合灌溉，进行补充施肥。使用水肥一体化技术还可以显著降低环境污染。

（1）施肥方法。

①重力自压施肥法。该方法是在供水水池顶部修建一个施肥池或放置一个施肥容器，利用重力自压使肥液进入灌溉管道系统进行施肥的方法。施肥时先打开水池阀门，然后打开施肥阀门即可进行施肥。该施肥方法在灌水均匀的条件下可以保证施肥的均匀性。该系统不需任何动力设备，运行成本低，技术要求低，操作简单，实用耐用，非常适合在我国山地丘陵区微灌系统中推广应用。

②泵前侧吸施肥法。该方法是将施肥池连接在水泵吸水管上，使水泵在吸水的同时将肥液吸入灌溉管道中去。施肥池用普通水泥池即可，施肥量少时用塑料桶等容器均可作为施肥容器，选择余地大。施肥速度用施肥阀门的开度大小即可控制，操作简单，易于掌握。

③移动式灌溉施肥机施肥法。该方法主要是针对种植规模相对较小的用户使用。该施肥机的首部加压系统拆卸方便、移动灵活，并且占地空间小、投资成本低，实现在小区域范围内的水肥一体化灌溉施肥管理。

（2）主要优点。

①节肥、节水、节约劳力。肥料集中在根区，显著提高肥料利用率，与常规施肥相比，可节省肥料用量 30％以上；由于水肥的协调作用，可以显著减少水的用量，节水达 50％以上；节省施肥浇水劳动用工，比传统施肥方法节省 90％以上。

②作业简单，增产提质。水肥一体化滴灌，可以灵活、方便、准确地控制施肥时间和数量。滴灌施肥可以根据需肥规律施肥，吸收量大时多施肥，吸收量小时少施肥，滴灌可以随时追肥。滴灌施肥由于精确的水肥供应，树体生长速度快，可以提前进入结果期或早采收，显著地增加产量和提高品质，增强作物抵御不良天气的能力。滴灌施肥可以减少病害的传播，特别是随水传播的病害，如流胶病。因为滴灌是单株灌溉的。滴灌时水分向

土壤入渗，地面相对干燥，降低了株行间湿度，发病也会显著减轻。滴灌可以滴入农药，对土壤害虫、线虫、根部病害有较好的防治作用。

③水肥一体化，可利用边际土壤种植，如高山陡坡地、轻度盐碱地、沙地等。防止肥料淋溶至地下水而污染水体。有利于实现标准化栽培。温室大棚栽培，冬季土温低，可以将水加温，通过滴灌滴到根部，提高土温。由于滴灌容易做到精确的水肥调控，在土层深厚的情况下，可以将根系引入土壤底层，避免夏季土壤表面的高温对根系的伤害。

（3）注意事项。

①水质。水肥一体化滴灌对水质有一定要求，由于滴头为精密部件，对灌溉水中的杂质粒度有一定的要求，滴灌要求粒度不大于120目，才能保证滴头不堵塞。如果水源过滤措施和设备符合要求，井水、渠水、河水、山塘水等都可以用于滴灌。因此，水源过滤设备是滴灌系统的核心部件，大多数滴灌系统不能正常工作都是因过滤设备不符合要求或疏于清洗过滤器引起的。滴灌的关键是防堵塞。选择合适的过滤器是滴灌成功的先决条件。常用的过滤器有砂石分离器、介质过滤器、网式过滤器和叠片过滤器。前二者做初级过滤用，后二者做二级过滤用。过滤器有很多的规格，选择什么过滤器及其组合主要由水质决定。

②肥料。能溶于水的肥料都能够通过滴灌系统来施用。最好选用水溶性复合肥，溶解性好，养分含量高，养分多元，见效快。部分有机肥，如沼渣、畜禽粪便等需要经过水沤腐，取其滤清液使用。滴灌系统是液体压力输水系统，显然不能直接使用固体有机肥。但我们可以使用有机肥沤制的沼液，经过沉淀、过滤后施用。鸡粪猪粪等沤腐后过滤使用。采用三级过滤系统，先用不锈钢网过滤，再用不锈钢网过滤，最后用叠片过滤器过滤。通过滴灌系统施用液体有机肥，不仅克服了单纯施用化肥可能导致的弊端，而且省工省事，施肥均匀，肥效显著。

③避免过量滴灌。滴灌施肥最担心的问题是过量灌水。很多用户总感觉滴灌出水少，心里不踏实，结果延长灌水时间。延长灌水时间的一个后果是浪费水，另一后果是把不被土壤吸附的养分淋洗到根层以下，浪费肥料。特别是氮的淋洗。通常水溶复合肥料中含尿素、硝态氮，这两种氮源最容易被淋洗掉。

④施肥后的洗管问题。一般先滴水，等管道完全充满水后开始施肥，施肥结束后要继续滴半小时清水，将管道内残留的肥液全部排出。许多用户滴肥后不洗管，会使滴头处生长藻类及微生物，导致滴头堵塞。滴灌施肥只灌溉根系和给根系施肥。因此，一定要了解所管理的作物根系分布的深度。最简单的办法就是用小铲挖开根层查看湿润的深度，从而可以判断是否存在过量灌溉。

⑤肥料的浓度。很多肥料本身就是无机盐。当浓度太高时会"烧伤"根系。通过灌溉系统滴肥一定要控制浓度。最准确的办法就是测定滴头出口的肥液的电导率。通常范围在 1.0～3.0 毫西门子/厘米就是安全的，或者水溶性肥稀释 400～1 000 倍，或者每立方米水中加入 1～3 千克水溶性复合肥喷施都是安全的。

⑥滴头分普通滴头和压力补偿滴头。普通滴头的流量是与压力成正比的，通常只能在平地上使用。而压力补偿滴头在一定的压力变化范围内可以保持均匀的恒定流量。山地果园往往存在不同程度的高差，用普通滴头会导致出水不均匀，通常表现为高处水少、低处水多。用压力补偿滴头就可以解决这个问题。为了保证管道各处的出水均匀一致，地形起伏高差大于 3 米时，就应该使用压力补偿式滴头。

二、整形修剪

1. 主要树形　樱桃种植，树体结构管理至关重要。传统种植，树体高大、树冠圆厚，导致采摘管理困难、透光性差、结果部位外移等问题。现代栽培，树体矮化，树形结构简单，中干健壮直顺，中干上直接着生结果枝、临时性主枝等，基本没有永久性主枝，冠形窄、薄、透，光线直接照射到中干上。矮化密植树形主要有细长纺锤形、高纺锤形、KGB（Kym Green Bush）、澳赛丛状形（Australia Bush）及主枝直立篱壁形（Upright Fruiting Offshoots，UFO）等。

（1）细长纺锤形。适宜株行距(1.5～2.5)米×（4～4.5)米，树体高度控制在 2.8～3.2 米。中心干上的侧枝细而多，侧枝数达 15～30 个，严格控制侧枝的粗度，一般侧枝粗度为着生处中干粗度的 1/3～1/5。下层侧枝基角 70°～80°，中上层侧枝呈水平状，其梢部可下垂，树体下部冠幅较大，上部较小，全树修长，呈细长纺锤形。采用支柱辅助中心干生长，轻剪长放，促进早结果，一般两年见果，4～5 年丰产；及时更新侧枝和结果枝，保证结果部位不外延和果实品质。

第一年，苗木高度 60～120 厘米处定干，剪口下第一个芽距剪口 1.0 厘米以上，第一个芽一般萌生强旺枝，作为中干延长枝；剪口下第二个芽抹去，防止成为中干延长枝的竞争枝；保留第三个芽，下部芽看具体数量进行刻芽促进萌发，培养侧枝。当生长至 20～40 厘米时利用牙签或开角器开张角度。

（2）高纺锤形。适宜吉塞拉矮化砧木，株行距（0.8～1.5)米×(3.5～4.0)米，树高为行距的 90%，中心干上着生 25～40 个临时性结果枝。优质大苗定植，不定干，通过刻芽、涂发枝素促生分枝，顶梢生长至 5～10 厘米时确定为中心干延长枝，其下 2～3 个竞争新梢及时抹除，预防形成三叉枝等，保持中心干直立，侧生新梢 15～20 厘米时牙签撑枝开角，半木质化时拿枝开角；5 月中下旬，上位新梢生长至 50～70 厘米时，可以进行短截，抑制生长，一般剪除 1/3～1/4；7 月中旬前将所有分枝拉至水平或下垂。中心干上的分枝过大时要疏除更新，每年疏除 1～3 个。

（3）超细轴形（Super Slender Axe，SSA）。适宜株行距0.75米×3.5米，采用G5矮化砧木，树高2.5米左右，主干高60~80厘米，中心干上着生结果枝组数量20~30个，主要采用结果枝组上的一年生果枝基部的花芽结果。选择芽体完好的优质苗木定植，1.0~1.2米处定干，若栽植苗木有侧生分枝，须将分枝留2~3个芽短截。通过刻芽、涂发枝素促生分枝。新梢长10厘米时，用衣服竹夹或牙签开角。中心干上的芽只有在刻芽或涂发枝素的情况下才能抽生成枝条，否则容易形成束状花芽。第一年树体要达到最终高度75%，促发10个以上分布均匀，长势一致、中庸的枝。第一年休眠季对已经形成的主枝进行短截，只保留基部的花芽和至少两个叶芽。对中心干延长头短截，保留长度60~80厘米。第二年继续在中心干上培养新枝，新梢长10厘米时，继续进行开角，保持水平生长，管理同第一年。第二年中心干上分布均匀的主枝数达到最终数量的70%，第三年达到100%。第四至五年进入丰产期。培养一定数量、均匀分布的主枝是该树形的关键，易选用成枝力强的品种如甜心、早罗宾（Early Robin）等。

（4）高纺锤轴形（Tall Spindle Axe）。适宜株行距1.5米×3.5米，采用矮化砧木，树高一般为3米，干高0.7~0.8米，冠径0.9~1.2米，主枝数量20个左右，不分层，呈螺旋状着生在中心干上，角度水平或者水平以下，修剪量小，无永久性主枝，每年通过修剪更新或者去除长的过旺主枝。

宜选用粗度1.5厘米以上大苗，定植后苗木不定干，所有分枝只保留基部的一个芽短截，中心干顶端留一个饱满优质芽，抹除其下5~6个芽，以保持顶芽的生长势，防止产生竞争枝。自中心干顶端每隔10厘米左右，保留1个优质芽，使其呈螺旋状均匀分布在中心干上，其余的芽抹除。中心干上距离地面50厘米以下的芽全部抹除。萌芽前通过刻芽、涂抹发枝素等方法，促进主干上剩余芽的萌发并抽生成主枝。抽生的主枝新梢长8~

12厘米时，用牙签或者竹夹撑开基角，为防止梢角上翘，可坠枝开梢角。管理得当，定植当年，中心干上能抽生8～12个分布均匀、长势中庸的主枝。这些主枝基部可能形成花芽，翌年即可少量结果。第二年中心干延长枝萌发后处理方法同第一年，继续进行开角和坠枝处理。第一年的主枝短截后，会发出侧枝，要及时去除萌发的背上新梢。第二年生长季结束后，中心干上能发出8～12个新生主枝，树体能达到整形目标高度的90％。定植第三年管理同第二年，树体一般能达到目标高度树体，中下部的主枝长度长于上部，形成雪松形树冠。

（5）主干疏层形。适宜株行距为（2.0～2.5）米×（4.5～5.0）米，采用马哈利、考特等砧木，在山岭瘠薄土壤种植。干高50～60厘米，分3～4层，全树6～7个主枝。第一层主枝3～4个，开张角度60°左右；第二层主枝2～3个，层间距70～90厘米；第三层和第四层，每层1～2个，层间距60～70厘米，开张角度小于45°。主枝上再分2～3个侧枝。

定植当年定干高度为60厘米。第二年选留中心干和第一层主枝；在通常情况下，剪口下第一芽萌发的枝条适合作为中心干的延长枝，在70～80厘米的饱满芽处短截。如树势旺、枝条多而强时可留长些。第一层主枝是构成树冠的最主要部分，一般选3个；在幼树上若有5～6个新枝时，可选留方向、位置、角度适合及生长势强的3个枝作为主枝。3个主枝各个枝头分别伸向不同方位。在基部选留的3个主枝都进行短截，剪留长度应短于中心干的选留长度，一般为50厘米左右，其余枝条可以不剪，放任生长，过密时可以适当疏除。第二年至初果期，继续培养中心枝和基部3个主枝，并选留培养第二层主枝及各主枝上的侧枝。调整枝条间的生长势。在正常情况下，三年生的幼树中心枝剪口下都能发出几个强枝，从中选1个直立健壮的枝作中心枝的延长枝。中心领导枝发生的分枝，因距第一层主枝较近，不宜作第二层主枝使用，一般从第四年开始选留第二层和以上各层

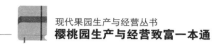
主枝。

主干疏层形整形过程比较复杂，整形修剪技术要求高，修剪量大，成形慢，枝次多，冠内通风透光较差，结果部位易外移，易长成大冠树，在稀植情况下可以采用。这种树形与苹果树相似，树体高大，适用于干性明显、层性较强的品种。主干疏层形，进入结果期较晚，但结果后树势和结果部位都比较稳定，坐果均匀。在丘陵山区光照条件良好、土质较瘠薄的地方可采用。

（6）沃格尔主干形（Vogel Central Leader）。适宜株行距（2.5～3.0)米×（4.5～5.5)米，适合乔砧矮化密植。干高60～70厘米，主干上着生10～15个主枝，没有明显的层次，树高2.5～3.5米，冠径2.5～3.5米。定干后，保留剪口下两个芽，抹除下面第三、四、五个芽。若剪口下两个芽同时萌发，保留长势较弱的1个，以利于下部芽的萌发。如果中干延长头长度超过1米，可在冬季修剪时保留70～90厘米重新定干，方法同定植时一样，保留剪口下两个芽，去掉其下5～6个芽，以控制顶端优势。该树形前两年需要通过主干刻芽、涂抹发枝素等措施，促发主枝，使其呈螺旋状着生在中心干上。树体成形后要注意控制树干高度。第五年开始要及时更新侧枝和结果枝，主枝的粗度不超过中干的1/2，保持树体通风透光，疏除过密枝。

（7）改良纺锤形。由中央领导干和主干下部3～4个永久主枝组成，中央领导干和主枝上培养结果枝组。适宜株行距（2.5～3.5)米×（4.5～5.5)米。适用于乔化或者半矮化砧木。

整形特点：延迟定干和对顶部垂直枝条的摘心；对平直主枝上垂直生长的枝条摘心或者回缩；疏除较大枝干。整形时，对枝干上的新梢采用扭梢或者扇形二次修剪。延迟定干，减少了中央领导干的生长，夏季对直立生长的枝条摘心。60%～70%的果实可在地面上采收。

（8）自由纺锤形。适宜株行距（2.5～3.0）米×（4.5～

5.0)米，适宜乔砧矮化密植。干高 60～70 厘米，中心干上均匀配置 10～15 个侧枝，不分层，上下不重叠，侧枝上直接着生结果枝组。下层侧枝与中心干基角角度 70°左右，上层侧枝基角接近 90°，下部侧枝长，上部侧枝短，每个侧枝上有拉平的 3～4 个大型结果枝组。下部侧枝间距 10～15 厘米，上部侧枝间距 15～20 厘米。保证中干的生长优势，严格控制侧枝的粗度，一般侧枝的粗度为着生部位中干粗度的 1/3。

（9）KGB（Kym Green Bush）。澳大利亚 Kym Green 创立的树形，是西班牙丛状形的改进，树高 2.5 米左右，全树 15～25 个主枝，无主无侧，全部直立生长，无永久枝。整形简单，对乔化和矮化砧木都适用。栽植后 50～60 厘米定干，注意剪口下有 3～4 个饱满芽，当新梢生长至 60 厘米左右时，5 月底至 6月初，对新梢留 10～15 厘米进行短截促发分枝，如果苗木弱，新梢比较短，可以留到冬剪。休眠期和第二年 5～6 月新梢长 60厘米左右时，重复上述修剪过程，即留 10～15 厘米短截。经过 2～3 次短截后，全树主枝数量 20 个左右，矮化砧树可以不再短截，乔砧树为控制生长，缓和树势，再短截 1 次，全树有 30 多个主枝。主体结构形成后，疏剪树体中心部位的枝条，以利通风透光。

更新修剪：每年对较大的主枝留 15～20 厘米回缩，更新枝占总枝量的 20%。全树主枝每 4～5 年更新一遍。主枝上不保留侧枝，一般在采收后、秋季或者休眠期疏除侧枝。外围生长的侧枝不影响通风透光的可以保留。每年轻短截所有新梢，剪掉 1/3左右。

（10）澳赛丛状形（Australia Bush）。由主干和 4 个直立生长的主枝构成，主枝上均匀分布水平生长的结果枝组，且向外生长。下部的结果枝长度应保持在 50～60 厘米，上部 20～30 厘米。没有中心领导干，无支架系统。适宜株行距 2.5 米×4.5 米。

整形技术：定植中等大小的苗木（下部有大量的芽），30厘米定干；新梢长度30厘米时，选定4个作为主枝培养，其他枝条留短桩疏除。通常情况下主干上的抽生的枝条长势不相一致，一般剪口下面的第一、第二个枝条比下面的枝条生长势旺，因次剪口下的第一、第二个枝条尽量不被选作主枝。为保证主枝生长势一致，需将较弱主枝上的多余芽体疏除，以助复壮。立竹竿保护主枝生长，使主枝最大限度的直立生长，第一年后树体大约2.0米。第二年促进分枝，并通过撑枝、摘心、扭梢、干旱等措施培养结果枝组，使每个主枝形成大量的结果枝。树体高度约2.7米，树形宽2.5米。第三年通过拉枝、摘心、扭梢、控水等措施培养较多结果枝组，使主枝上形成大量结果枝。疏除过密枝，保证树体获的最佳光照条件，冬季一般不要进行修剪，在夏季对结果枝进行落头。

（11）西班牙丛状形（Spanish Bush）。适宜密度（1.8～2.5)米×（4.5～5.5)米，树高2.5米左右，主干高度30厘米，主干上着生4～5个主枝，每个主枝上着生4～5个单轴延伸的结果枝组，传统的西班牙丛枝形定植时，树体在30～40厘米处定干，以促进主枝萌发。在晚春或者早夏，当主枝生长旺盛足可以促进二次枝条的生长时，把主枝回缩到4～5个芽处。第一年树体矮小，有8～10个二次枝条。翌年春季第三次短截，6～7月第四次短截，第三年底树形形成。

（12）主枝直立篱壁形（Upright Fruiting Offshoots，UFO）。立架栽培，适宜株行距为（1.5～2.0)米×3.5米，采用G5、G6作砧木。主枝6～12个，呈篱壁式着生在拉平的中干上，间距15～20厘米，直立生长，成形后树高2.6～3.0米，整个树形呈"一面墙"式结构。

定植第一年，选择无侧生分枝、高度稍大于株距的苗木定植，顺行向斜栽，主干与地面夹角为45°～60°，不定干。顺行向立支柱，拉两道水平铁丝做支架，第一道铁丝距地面50～55厘米（相当于主干垂直高度），第二道铁丝距地面 150～155 厘米。当苗木上部芽抽生新梢后将中干绑缚在第一道铁丝上，去除背下芽和侧芽，选留背上芽所抽生的枝条作为主枝进行培养，未来的主枝间距 15～20 厘米。新梢长 100 厘米左右时将其绑缚在第二道铁丝上，保证枝条直立生长。定植当年中心干和部分主枝基部即有少量花芽形成。为使树体营养生长健壮，可将花芽疏除。

定植第二年，构建树形，培养主枝和结果枝。春季萌芽前去除主枝上的所有侧生分枝，对中心干上靠近主干部分的背上芽涂抹发枝素或刻芽促进萌发，培养主枝；生长季进行绑缚、摘心、控制旺长，适时进行控水、控肥，控制树势，促进成花。第二年主枝基部可形成大量花芽，转变成结果枝。

定植第三年，进一步培养主枝和结果枝组，促进花芽形成。生长季对主枝进行摘心，控制顶端优势。主枝下部可形成大量花芽，采果后去除病虫枝、衰弱枝；休眠期继续对主枝进行甩放，疏除其上的侧生分枝；对过旺的主枝基部留 1 个芽疏除，翌年便可发育成新的主枝，长度约 100 厘米时将其绑缚在第二道铁丝上。第三年末树高 2.6～3.0 米，树形构建完成。

定植第三年以后，疏除主枝上的侧生分枝，将过长的主枝及时回缩，去除衰弱枝、下垂枝、病虫枝。对过旺枝基部留行向方向的芽进行短截，让其抽生新枝，复壮树势。保证丰产稳产、更新复壮、延长结果年限是修剪结果期树的主要任务。

主枝直立篱壁形与国内桃和甜樱桃树上应用的"一边倒"树形相比，共同点为密植、支架栽培模式；不定干，苗木斜栽；具有早实、矮化、易管理等特点。不同之处在于主枝直立篱壁形树体为行内斜栽，中干被拉至水平，主枝在水平中心干上直立生长，呈"一面墙"式结构；"一边倒"树形，苗木为行间斜栽，中干不拉平，保持挺直，主枝均匀着生在中心干两侧，与中心干呈一定角度交替分布。主枝直立篱壁形比"一边倒"树形通风透光性更好，树形更整齐、易管理，机械化操作程度更高。直立主枝树形削弱了中心干的顶端优势，主枝发育健壮整齐，果实大小均匀，易分级。

主要优点：早实性好，进入盛果期早，不定干，定植后将中干拉平，在其上直接培养直立生长的主枝，成形快，无徒长枝，花芽形成早，第二年结果，第三至四年进入初盛果期。

高度密植，单位面积产量高，每亩可栽 105～148 株，土地利用率高，单位面积产量比传统的主干疏层形和纺锤形等树形高。

通风透光性好，果实品质佳，该树形由拉平的中干和直立生长的主枝组成，级次少，营养消耗少，通风透光好，果实着色好、果个大，产量高。不存在枝叶重叠现象，不易发生腐烂病和流胶病。

便于机械化管理，修剪、喷药、采摘效率高。该顺行向看十分整齐，似一面"墙"，修剪时只需将"墙面"的侧枝疏除，修剪机器顺行进入，将两侧的侧枝快速剪除，操作简单，省时、省工。该树体"一面墙"式结构特点也使机械化喷药均匀、高效。直立主枝树形的树体结构简单，比传统树形更适合机械化采收。采摘机器可同时采收多行甜樱桃树，速度快，安全系数高。

（13）V 形（Tatura Trellis）。塔图拉网架树形，即 V 形，适宜密度为株行距 1.5 米×(4.5～5.5)米。有主干，主枝两个，呈相对方向向行间分布，V 形角度因行距不同而异，行距 5.0 米或 5.5 米时 V 形角度为 60°；行距为 4.5 米时 V 形角度为 50°或 45°，树高控制在行距的 60% 为宜。主要整形技术要点如下。

第一年定干高度 40 厘米；刻芽或涂发枝素促进萌芽；保护枝干免受病虫侵害，保护主干免受除草剂伤害；通过网架用细绳引缚主枝；允许枝条生长至 1.5～2.0 米；选定两个相等大小的主枝；夏季疏除侧枝促进主枝生长。

第二年促进形成结果枝。主要措施：萌芽前 10～14 天（芽膨大至萌芽前）在主枝上涂抹发枝素促进芽萌发；用环割刀在芽上方环刻180°，深达木质部，促进萌芽（随时喷杀菌剂）；摘除主枝顶部4～5个嫩梢，控制顶端优势；疏除内膛枝、留1.0厘米短桩疏除主枝延长枝的竞争枝；用木制衣夹开张旺盛新梢基角；保持主枝与分枝粗度比3∶1；强旺枝进行扭梢拉平；适当干旱树体。使每个主枝形成15～25个侧枝，枝条长度、数量、着生角度良好。

第三年继续在主干盲区促进侧枝的萌发，当芽萌动时刻芽并涂抹发枝素；侧枝生长旺盛时进行修剪控制树势；夏季开张枝条角度；第三年末支架上形成了大量的结果枝。

第四年保持树体有良好的生长空间，由于结果使果枝下坠，利用塑料绳把结果枝绑缚在支架上，合理安排生长空间。疏除内膛生长的旺盛枝条，保留内膛生长位置低的枝条，开张树冠开张。疏除枝条保持通风透光；控制树高，行距为5米时，其高度不超过3米。

（14）开心塔图拉形（Open Tatura）。开心塔图拉模式为宽窄行种植，株行距0.75米×4.50米，每两行树形成V形，每株树为一个主枝，树体与地角度面呈45°，窄行间距为0.5米，行内株间距1.5米，V形角度为35°，宽行间距4.00米，树高2.70米。利用支架使树体开张。

主要特点：高密度栽培有利于早实；树体定植后不需定干；第一年就形成分枝，促进成花；开心V形有利于树体透光；树形结构有利于夏季修剪和果实的采收。

整形技术：第一年定植，苗木以1.5～1.8米为宜，定植后，所有分枝保留2.5厘米疏除。树体低部结果枝长度为30厘米，顶部结果枝长度为15厘米，保持结果枝短小有利于树体的透光。

适合甜樱桃栽培的国内外树形较多，每种树形都有各自的特点，具体整形时，要选用哪种树形模式，不仅要依据不同品种生物学特性来定，还要根据当地的栽培条件确定。整形过程中，不要拘泥于一种树形模式，要灵活运用，在尽量缩短修剪时间和修剪强度的情况下，综合运用多种修剪方法，不断总结整形修剪的经验，修剪出易管理、易采摘、丰产、稳产、品质佳的理性树形，达到省工、省时、高效的目的。

2. 与修剪有关的生长特点

（1）顶端优势与顶端控制。顶端优势是指在同一枝条的上部和顶端的枝条，长势最强；越近顶端的芽，抽生的枝条越直立，长势也越旺，而向下则依次减弱的现象。甜樱桃顶端优势很强，生长势很旺，突出表现在外围发育枝无论短截还是不短截，其顶部均易抽生数个发育枝，形成二杈枝、三杈枝或四杈枝，甚至更多的长枝，其下多形成短枝，中枝很少。因此，利用或控制顶端优势是甜樱桃整形修剪中必须运用的技术措施。利用顶端优势，可以抬高枝芽的空间位置；利用优势部位的壮枝壮芽，可以增强树体的生长势；利用抬高枝条的角度，用壮枝、壮芽带头及轻剪长放等措施增强弱枝的长势；采用压低枝条开张角度和压低枝芽的空间位置等修剪措施，通过控制个别枝条的顶端优势达到平衡树体长势的目的。对长势强旺的枝条，可采用抑制其顶端优势的修剪方法缓和其营养生长、促发结果枝；对弱枝，则应尽量利用其顶端优势的修剪方法促进其营养生长。这种修剪方法，可收到抑强促弱、平衡树势的良好效果。

（2）萌芽力和成枝力。萌芽力是指在果树一年生枝条上芽眼能萌发枝叶的能力，通常以萌发芽数占总芽数的百分率表示。成枝力是指一年生发育枝抽生长枝的能力，通常以萌芽中抽生长枝的比例表示，称为成枝率。萌芽力和成枝力的强弱，是确定修剪方法的重要依据之一。甜樱桃的萌芽力较强，一年生枝上的芽几乎全部能萌发，黄玉和大紫萌芽力较高。甜樱桃的成枝力较弱，一般在剪口下抽生 3～5 个中、长发育枝，其余的芽抽生短枝或叶丛枝，基部极少数的芽不萌发而变成潜伏芽。在盛花后，当新梢长至 10～15 厘米时摘心，摘心部位以下仅抽生 1～2 个中、短枝，其余的芽则抽生叶丛枝，在营养条件较好的情况下，这些叶丛枝当年可以形成花芽。在生产上，可以利用这一发枝习性，通过夏季摘心来控制树冠，调整枝类组成，培养结果枝组。

甜樱桃以短果枝和长果枝结果为主，长果枝只有基部节间短缓部分的腋芽转化为花芽，其余上部的芽都为叶芽。另外，长果枝上花芽不如短果枝花芽充实饱满，因此，修剪上应争取多形成短枝。处于幼龄期的甜樱桃萌芽力和成枝力均较高，生长量大，树冠扩大快。随着树龄的增长，下部枝条开张，极性仍表现很强，萌芽率高而成枝力降低，中、长梢短截后，只在剪口下抽生3～5个新梢，其余的皆生长为短果枝。顶端强枝对水分和养分的竞争力强，营养生长过旺，造成下部光照不足，致使中下部短枝迅速衰弱或枯死，结果部位很快外移。因此，幼龄树的整形和修剪要充分利用上述特性，按照轻剪为主、促控结合、抑前促后的原则，达到迅速扩冠、缓和极性、促发短枝、促进花芽形成、早果、丰产、优质的目的。

（3）分枝角度。分枝角度大，有利于树冠扩大和提早结果；分枝角度小，顶端优势强、枝条密集、不易成花，膛内光照条件差，内膛小枝和结果枝组容易衰弱、枯死，不利于扩大树冠，并缩短结果年限。

甜樱桃是分枝角度较小的树种，易行成夹皮枝，极易出现流胶，结果过多时易劈裂。因此，要尽早对夹皮枝开张角度，运用撑枝、拉枝使之水平生长，缓和枝势，有利于其上形成中、短枝，成花容易。对影响采光的过密枝条适量疏除，否则造成枝量过大，果园郁闭。

（4）芽的早熟性。在自然生长条件下，当年生新梢上的芽能抽生副梢的特性，即为芽的早熟性。甜樱桃与其他核果类果树一样，芽具有早熟性。在生长季摘心，可促发2次枝、3次枝。夏季摘心的新梢，除顶端形成1～2个中、长梢外，下部萌芽易形成短果枝。在整形和修剪上可对幼树和旺梢多次摘心，以迅速扩大树冠，加快整形过程，并有促进成花和培养结果枝组的作用。

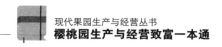

也可以利用夏季重摘心，控制树冠，培养结果枝组。

（5）芽的异质性。甜樱桃枝条上的芽在生长过程中，由于形成的早晚、着生的位置和营养条件的不同而使芽体的质量（个体大小、饱满程度、花芽、叶芽、发芽能力）都有一定的差异，这种质量上的差别称为芽的异质性。

在芽的生长发育过程中，如果外界的环境条件适宜，营养水平也较高，芽的质量就好，外观也充实饱满。质量好的叶芽，抽生的新梢粗壮，叶片肥大，生长势强，形成的潜伏芽寿命也长，遭受刺激后，萌发成枝的能力也强；质量低的叶芽，萌发力弱，成枝力低，形成的潜伏芽寿命短，遭受刺激后，萌发也较困难，所萌发的枝条也纤细瘦弱。质量好的花芽，开花结果的能力强，坐果率高，果实个大，质量也好；质量差的花芽，开花晚，花朵小，坐果率低，落花落果较重，果实小，质量差。

在甜樱桃的整形修剪过程中，要充分利用芽的异质性，来调节树势和树体的生长结果状况。在选留、培养骨干枝和更新复壮结果枝组的生长结果能力时，应选用壮芽作为剪口芽。对修剪反应敏感的甜樱桃品种，为提高其坐果率，往往在瘪芽或秋梢、交界的轮痕处进行缩剪；为提高芽的质量，可采取夏季摘心的办法，减缓顶芽对侧芽的抑制作用，延缓新梢的生长强度，促进叶芽发育充实饱满，花芽发育完善，利于抽生新枝和开花坐果。因此，正确了解和利用甜樱桃芽的异质性，维持和调节果树的生长与结果、各个主枝与整体的平衡关系，是果树整形修剪中不可忽视的技术措施。

（6）花芽特性。甜樱桃的花芽是侧生纯花芽，顶芽是叶芽。花芽开花结果后形成盲节，不再萌发。因此修剪结果枝时，剪口芽不能留在花芽上，应留在花芽段以上 2～3 个叶芽上。否则，剪截后留下的部分结果以后会死亡，变成干桩，前方形成无芽枝段，影响枝组的果实发育。

（7）潜伏芽寿命。甜樱桃潜伏芽寿命较长，利用潜伏芽可以使二十至三十年生的大树上的主枝更新，这是甜樱桃维持结果年龄、延长经济寿命的宝贵特性。特别是处于盛果后期或衰老期的甜樱桃，要保持好丰产稳产就要充分利用甜樱桃的隐芽。甜樱桃大中枝经回缩后容易发出徒长枝，对这些徒长枝择优培养，2～3年内便可重新恢复树冠。

3. 修剪方法　修剪分为生长季修剪和休眠期修剪。生长季修剪主要指夏季修剪，包括抹芽、刻芽、新梢开张角度、摘心、拿枝、疏枝等；休眠期修剪主要指冬季修剪，包括缓放、疏枝、短截等。以夏季修剪为主，休眠期修剪为辅。

（1）抹芽。在生长季节及时抹掉过多的芽和竞争芽，目的在于节约养分，防止无效生长。一般在枝条背面萌发的直立生长的芽、疏枝后产生的隐芽、内向萌芽及枝干基部萌发的砧木芽都应在萌芽期及时抹去。

在发芽期砧木芽比品种芽萌芽早、生长快，从而影响品种芽的发育，有时导致品种芽不抽新枝，因此新定植的樱桃苗要及时抹去砧木芽，使营养用于供应品种芽的萌发和生长，否则会影响树体的生长。

（2）刻芽。一般在萌芽前树液流动后进行，在芽的上方0.5厘米处横刻一刀，深达木质部。目的是促枝促花。刻芽可促进刻伤下面的芽萌发，提高侧芽或叶丛枝的萌芽质量，促进枝条旺长，起到扩大树冠的作用，也可利用刻芽培养结果枝组。刻芽一般在幼旺树和强旺枝上进行。

（3）化学促枝。甜樱桃顶端优势明显，成枝力低，单独使用刻芽等技术，在对高纺锤形、细长纺锤形、超细长纺锤形等树形整形时，极易造成树形培养过程中中干上萌发的用于培养小主枝的新梢不足。可采用生长素运输抑制剂、顶芽抑制剂和细胞分裂素多种化学物质促进侧枝产生，如环丙酰胺酸（Cyclanilide，CYC，生长素运输抑制剂）可有效促进了当年新梢上副梢的发生。6-苄氨基嘌呤单独或与赤霉素配合喷洒快速生长的欧洲甜樱桃新梢，促发分枝的效果良好，且能促进樱桃苗木生长。春季萌芽前利用 6-苄氨基嘌呤或普洛马林涂抹芽体或整个一年生或多年生苗干，可促进枝条基部发枝。在涂抹化学试剂的同时采取刻芽、环割、树皮划伤等措施去除树表皮对药剂渗透的阻碍作用，可大幅度提高应用效果，但该措施在多雨地区易引起流胶等病害。赤霉素单独施用也具有类似的效果，推测可能是外源赤霉素打破了引起顶端优势的激素平衡，而不是赤霉素直接导致细胞伸长。但是，促枝效果也受使用时期影响，普洛马林等促发分枝需在旺盛生长的新梢上进行，在一年生或多年生枝上应用时，应在刚刚萌芽时进行。温度对促枝效果也有一定影响，较高温度有利于促发分枝，低温效果较差。目前，樱桃树上常用的发枝素是一种以细胞分裂素为主要成分的植物生长调节剂，对促进芽抽生枝条的效果较好，配合刻芽效果更佳。

（4）扭梢。新梢半木质化时，用手捏住新梢的中、下部反方向扭曲 180°，使新梢水平或下垂，伤及木质和皮层但不折断。一般 4 月中旬进行扭梢。扭梢时间要把握好，扭梢过早，新梢嫩，易折断，扭梢过晚新梢木质化且硬脆，不易扭曲，用力过大易折断。

（5）摘心。在新梢木质化前，摘除或剪除新梢先端部分的修剪方法，可以有效增加幼树的枝叶量，扩大树冠，减少无效生长，促进花芽形成，早结果。对结果树摘心可起到节约营养、提高花芽质量、促进生殖生长、提高坐果率和果实品质的作用，它是在樱桃夏剪中应用最常用的修剪方法。

按摘心的程度不同，摘心可分为轻度摘心、中度摘心和重度摘心。轻度摘心是指摘去新梢顶端 5 厘米左右，摘心后只能萌发 1~2 个新梢。连续轻度摘心，且生长量在 10~20 厘米，可形成结果枝。中度摘心是对生长长度达到 40 厘米以上的新梢，摘去 15~20 厘米的修剪方法，一般能萌发 3~4 个分枝。为了促进各级主枝延长枝和大型结果枝组延长枝分枝，多采用中度分枝。重度摘心对 30 厘米以上的枝条，留 10 厘米左右进行摘心，能明显削弱生长势，形成果枝。背上枝、竞争枝多采用重度摘心。

按摘心时期不同，分为早期摘心和生长旺季摘心两种。早期摘心，一般在花后 7～8 天进行，摘心时将幼嫩新梢保留 10 厘米左右，这样可以减少幼果发育与新梢生长对养分的竞争，提高坐果率。生长旺季摘心一般在 5 月下旬至 7 月下旬进行。在新梢木质化以前，将旺梢留 30～35 厘米，余下的部分摘除，以增加枝量。树势旺时可连续摘心。7 月下旬以后不要摘心，不然发出的新梢不充实，易受冻害或抽干。

（6）开张角度。开张角度是指撑开主枝和侧枝的基角，缓和树势，促发短枝，促进花芽分化。开张角度应提早进行。新梢15～20 厘米时可用牙签或开角器开张角度，方便省工；40～60 厘米时也可拿枝开角。前期未及时开角的主枝或侧枝，后期一定要及时拉枝。拉枝一般在春季汁液流动后进行，拉枝时先用手摇晃大枝，使基部变软，避免劈裂，造成枝条流胶。开角时应注意调节主枝在树冠空间的位置，使之分布均匀，辅养枝拉枝应防止重叠，合理利用树体空间。

（7）疏枝。疏枝是指采收后将过密枝、病虫枝等从基部剪除。

（8）环割。环割是指在枝干上横割一圈或数圈环状刀口，深达木质部但不损伤木质部，只割伤皮层，而不将皮层剥除。环割的作用与环剥相似，但由于愈合较快，因而作用时间短，效果稍差。主要用于幼旺树上长势较旺的辅养枝、徒长旺枝等。在樱桃树上多采用环割技术代替环剥，时期与环剥一致。

（9）环剥。环剥一般在主干或壮旺发育枝上进行，是将韧皮部剥去一圈的技术。山东地区岭地栽培一般在盛花期进行。环剥易出现流胶现象，在主干上应慎用；环剥宽度不宜过大，小枝一般 3 毫米左右，主干不超过 1 厘米，依据树体生长状况可进行1～3 次环剥。环剥伤口最好用 200 倍的多菌灵药液涂抹，然后再用透明塑料胶带包裹。

（10）拿梢。拿梢又称为捋枝，是用手对旺梢自基部到顶部逐渐捋拿，伤及木质部而不折断的方法。拿梢时间一般从采后到7月底以前进行。其作用是缓和旺梢生长势，增加枝叶量，促进花芽形成，还可调整二至三年生幼龄树骨干枝的方位和角度。如枝条长势过旺、过强，可连续捋枝数次，直到把枝条捋成水平或下垂状态，而且不再复原。

（11）短截。短截是剪去一年生枝的一部分的修剪方法，依据短截程度，可分为轻短截、中短截、重短截、极重短截4种。

①轻短截。剪去一年生枝条全长的1/3以下部分。轻短截有利于缓和树势，削弱顶端优势的作用，提高萌芽率，降低成枝力。轻短截后抽生的枝条，转化为中弱枝数量多，而强枝少。能够形成较多的花束状果枝。在幼树修剪时，较多应用轻短截，能缓和长势，中、长果枝及混合枝转化多，有利于提早结果。特别是成枝力强的品种，常应用轻短截培养单轴延伸型枝组。对初结果的树进行轻短截，有利于生长、结果的双重作用。

②中短截。在一年生枝的中部减去原长枝度的1/2左右。中短截后的成枝力强于轻短截和重短截，平均成枝量为4～5个。有利于维持顶端优势，新梢生长健壮。主要对骨干枝进行中短截，扩大树冠，还可用于中、长结果枝组的培养。

在甜樱桃幼树上，对骨干枝延长枝和外围发育枝进行中短截，一般可抽生3～5个中、长枝条，5～6个叶丛枝。对树冠内膛的中庸枝条进行中短截，在成枝力强的品种上一般只抽生2个中、长枝，成枝力弱的品种上除抽生1～2个中、长枝外，还能萌生3～4个叶丛枝。

在结果大树上，短截后有利于增强树势，促使花芽饱满，提高产量。对中强枝培养多轴枝组时，多采用中短截方法。在衰老树上，短截后有利于增加中强枝数量，扩大营养面积，加快更新复壮。

③重短截。剪去一年生枝的 1/2～2/3。重短截可以平衡树势、培养骨干枝背上的多轴枝组。能够加强顶端优势，可促发旺枝，提高营养枝和长果枝比例。重短截后成枝力弱，成枝数量一般约 2 个，成枝数量较少。平衡树势时，对长势强旺的骨干枝延长枝进行重短截，能够减少其总生长量。骨干枝先端背上培养结果枝组时，第一年多对直立枝条进行重短截，控制枝组高度，翌年对重短截后抽生的 3～4 个中、长枝，采取去强留弱、去直留斜的方法，即可培养为结果枝组。

④极重短截。减去枝条的 4/5 以上，在枝条基部只留几个芽。极重短截留的芽较瘪时，抽生出的枝条生长势较弱，因此，可以采取这种方法来削弱幼旺树中心干上的强旺枝条。对幼旺树中心干上萌发的一年生枝留 3～5 个芽极重短截，可培养出枝轴较细的结果母枝，增加结果母枝的数量。极重短截只在准备疏除的甜樱桃一年生枝上应用，在结果树上极少应用。

（12）回缩。将多年生枝剪去或锯掉一部分的修剪方式，可更新复壮，增强回缩部位下部枝的生长势。主要应用于结果枝组复壮和骨干枝复壮更新上，用来调节各种类型结果枝的比例。回缩在休眠季节进行。回缩对促进枝条的转化、复壮长势、促进潜伏芽萌发和花芽的形成，都有良好的作用。在具体应用时必须慎重，不能盲目回缩，以免造成不良反应。对冠内甩放多年的单轴枝组进行缩剪时，不可缩剪太急，否则，因营养面积迅速减少，在短时期内难以恢复，易引起枝组衰弱或枯死。如果适当回缩，能促进后部的花芽饱满，坐果率高。对多年生大枝回缩后，能促使潜伏芽萌发新梢，起到老树更新作用。

（13）疏枝。把一年生枝或多年生枝从基部剪除的修剪方法，主要用于疏除树冠外围的强旺枝、轮生枝、过密的辅养枝和扰乱树形的大枝及无用的徒长枝、细弱枝、病虫枝等。疏枝可以改善树体通风透光条件，减缓及缓和顶端优势，均衡树势，减少营养消耗，促进花芽形成，平衡营养生长和生殖生长等。疏除时要分批、分期进行，不易一次除去太多，且在休眠季节进行，以免造成过多、过大的伤口而引起流胶或伤口开裂，严重时造成大枝或主枝死亡。

（14）缓放。对一年生枝不进行短截，任其自然生长的修剪方法。其作用正好与短截相反，主要是用来缓和树势、调节枝叶量、增加结果枝和花芽数量。要缓放的枝条顶端有 3～5 个轮生饱满的大叶芽时，要减去顶部轮生芽。缓放有利于花束状果枝的形成，是幼树和初果期树常用的修剪方法。幼树缓放的原则为缓平不缓直；盛果树的缓放原则为缓壮不缓弱、缓外不缓内。缓放时要因树、因枝而异，对于幼树，角度较大的枝缓放效果较好，直立强旺枝和竞争枝必须拉水平或下垂后再缓放，如不先拉枝直接缓放，这种枝加粗很快，易形成"霸王枝"和"背上树"，导致下部短枝衰亡，结果部位外移。各主干延长枝在扩冠期间不易缓放，否则不能形成理想的骨干枝。

缓放效果因枝条的生长势、着生部位的不同而异。生长势强、向阳性好的枝条，缓放后加粗生长快，花束状果枝多；而长势中庸、向阳性差的枝条，缓放后加粗生长慢，质量增加快，枝条密度大，且花束状果枝较健壮，在缓放枝上的分布也比较均匀。

4. 甜樱桃修剪注意事项

（1）重视定植后 1～2 年整形修剪。甜樱桃传统栽培，多数重栽轻管，尤其整形修剪，忽视了芽、嫩梢的管理，一般秋季拉枝开角。现代栽培，重视微修剪，管理到芽和新梢控制，尤其定植第一年，进行抹芽、刻芽，促进新梢萌发。当顶部嫩梢长到 30 厘米左右时进行控制，通过牙签撑开新梢基角角度，之后可以用开角器控制新梢角度。基本强调撑枝、坠枝，不提倡秋季拉枝，春季修剪后适当拉枝调整角度。

（2）控制顶端优势。不论整形期间还是初盛果期，绝对控制中干延长枝和主枝延长枝顶端控制，保持一个延长头，其他疏除、重回缩、折断等控制，确保头中心干分枝上小下大、主枝延长枝头轻，促内膛抽枝。纺锤形，只要适当保持中干优势，所有主枝均可调控在 80°～120° 的状态下，将顶端优势最大限度地转化到主枝和大型结果枝群的中后部，抑制优势外移，克服内膛光秃，维持小树体密植高产；丛状形主要问题是骨干枝角度小，顶端优势不好控制，树冠内光秃快而重，应及时清头。

（3）保证主干、中心干强壮。树体健壮，关键是主干、中心干粗壮、直立、直顺，只有中干粗壮了，树体才能健壮。而樱桃根系浅，雨季风大时易倒伏或倾斜，致使树体衰弱，因此，必须扶持中干生长，措施是立支柱、支架，防倒伏！

（4）强调生长季整形修剪。甜樱桃幼龄期至初果期树整形修剪，70% 的任务应在生长季进行，春刻芽、夏控梢，秋调角，调整枝梢角度、扭梢、摘心等措施，都应在生长季进行。冬季疏枝、短截延长枝，剪口易流胶，剪口下的第一芽发枝弱，应在翌春发芽初期进行休眠期修剪。进入盛果期，需复壮结果枝群时，适于发芽前修剪。

（5）疏缩大枝和改造树形。将不理想的树形改造成纺锤形时，疏、缩大枝应在果实采收后的生长季进行。主要对象是过密、过乱、扰乱树形的枝及衰弱不堪的辅养枝、裙枝等。此期调整树形，对调节树体各部分关系，均衡树势，改善树冠的光照条件，促进花芽形成效果显著。应注意的是，带绿叶疏大枝，疏外围密枝，应适当留桩，以利塑年再发新梢，并可减轻流胶和伤口风干对树的不良影响。

三、花果管理

1. 促进花芽形成　甜樱桃花芽形成与砧木、品种及树体营养管理关系密切。矮化砧木嫁接早实品种，一年生苗定植第二年既可以开始形成花芽，如 G6 嫁接布鲁克斯品种，个别年份苗圃也能成花，具有早实丰产性；但乔化砧木嫁接生长势旺的品种，则成花晚，如考特砧木嫁接美早品种，不易成花，一般定植后 5 年才开始形成花芽，需要人工断根、控制树体营养生长，促进花芽形成。

进入初盛果期树，甜樱桃年生长周期中，花芽分化最早出现在果实发育期的硬核期，营养生长量化的花束状果枝和短果枝在硬核期就开始花芽分化，果实采收后开始大量分化，整个分化期需 40～45 天完成。叶芽萌动后，长成具有 6～7 片叶的新梢的基部各节，其腋芽多能分化为花芽，第二年结果。而开花后长出的新梢顶部各节，一般不能成花。在进行摘心或剪梢处理的树上，二次枝基部有时也能分化成花芽，形成一条枝上两段或多段成花的现象。7～8 月是甜樱桃花芽形态分化的关键时期，若营养不良，会影响花芽质量，甚至出现雌蕊败育花。这一时期在我国甜樱桃主要产区一般是高温多雨季节，但遇高温、干旱的年份，常使花芽发育过度，出现大量双雌蕊花，形成畸形果。

通过加强土肥水管理，构建合理的树体结构，提高树冠内部和外部叶片光合性能，还应通过开张角度、摘心、扭梢、环剥（环割或绞缢）、适度干旱、应用植物生长调节剂等技术措施，调节营养生长和生殖生长间的平衡，为花芽分化提供足够的营养物质。

（1）加强肥水和夏季修剪，确保树体健壮。进入盛果期，树体健壮的外观指标是树干粗壮直顺，树冠外围新梢生长数量和长度，一般认为每株健壮树当年应生长 30～40 条、长度 30～40 厘米的新梢。保障树体生长健壮的措施主要是秋施基肥、合理追肥、合理负载，进行夏季修剪使树体通风透光，进行病虫防治，保住叶片。

（2）调整树体营养生长向生殖生长转化。

①适度干旱。通过起垄栽培、节水灌溉和避雨栽培的有机结合，控制灌水量，从控水的角度控制新梢的生长，从而利于营养

生长向生殖生长的转化，促进花芽分化。

②应用植物生长调节剂。营养生长旺盛树体，一般采取喷布植物生长调节剂，控制旺长、促进成花，提早丰产。通常在第三年的5～6月叶面喷布15%多效唑200倍液1～2次或果树促控剂PBO180～200倍液1～2次。

③开张角度。开张角度是甜樱桃重要的成花措施。幼树中心干上发出的新梢，待新梢长到30～40厘米时，用牙签及时将新梢撑开至80°～90°，强旺梢早开角，中弱梢晚开角。成龄树一般在萌芽前树液流动后进行一次性拉枝开角。大粗枝开角，休眠期在大粗枝下部适当位置锯割2～3个楔形口，然后拉枝，将楔形口对死，固定好拉绳。

④摘心。甩放枝条梢端萌发的"五叉头"新梢及背上新梢留7片叶以上摘心，促使下部形成腋花芽。一般当外围新梢长到30～50厘米时，留20～30厘米进行1～2次摘心，可有效地促发中短枝，增加枝量，促进形成花芽。

2. 保证坐果

（1）配足配好授粉品种。授粉品种配置考虑授粉亲和、花期一致、品质优良，依据S基因型选定授粉品种。一般主栽品种占60%，授粉品种占40%。对于小面积的园片，可选择3～4个品种混栽；大面积的园片，应栽植多个品种，按成熟期不同，安排适当的栽培比例，主栽品种和授粉品种分别成行栽植，以便于在采收季节分批采收和销售。

（2）壁蜂授粉。壁蜂是一类野生的蜜蜂，种类很多，全世界野生壁蜂有70多种，经过诱集、驯化，可用来为果树授粉的有近10种。目前生产中广泛应用的主要是角额壁蜂和凹唇壁蜂。

壁蜂1年发生1代，1年中有300多天在巢内生活，自然界仅生活35～40天，卵、幼虫、蛹均在管内发育，以成蜂滞育状态在茧内越冬，滞育必须经过冬季长时间的低温和早春的长光照感应，才能解除滞育，当室内存茧处或自然界温度回升至12℃

以上，茧内成蜂就苏醒破茧出巢、访花、繁殖后代。如果自然界气温已到，而果树尚未开花，则须将蜂茧存放于 0～4℃冰箱内，延续滞育期，到开花时，再取出蜂茧释放。

一般雄蜂羽化出巢较早，多停留在巢箱附近，等待雌蜂出巢，即行交配，雌蜂即寻找适宜巢管，向底部堵泥，然后采花粉送入管内，形成花粉团在其上产卵 1 粒，再衔泥封堵，一个管一般产 5～8 粒卵，多的可达 13 粒，最后将管口封住。雌蜂产卵量50 多个。

凹唇壁蜂，开始飞行活动的气温是 12～14℃（角额壁蜂为14～16℃），凹唇壁蜂在早晨 7 时开始访花至晚上 7 时左右，才停止活动，以上午 9 时至下午 3 时（温度 18～25℃）飞行最为活跃。每天工作 12 小时，1 天可访花 4 000 朵左右。

雌蜂在自然界活动 35～40 天，雄蜂活动 20～25 天。壁蜂的飞行距离可达 700 米左右，但访花营巢主要在 60 米范围内。

放蜂方法。巢管制作。用芦苇作管，管的内径粗细因蜂种大小而异，凹唇壁蜂宜 7～9 毫米，管长 16～18 厘米。用利刀将芦苇管割开、一端留节，一端开口，管口磨平或烫平，没有毛刺或伤口。管口染成红、绿、黄、白 4 种颜色，比例 20：15：10：5，巢管 50 支捆成一捆。底部平，上部高低不齐。

巢箱。巢箱有硬纸箱改制、木板钉制和砖石砌成 3 种。体积均 20 厘米×26 厘米×20 厘米，5 面封闭，一面开口，巢顶部前面留有 10 厘米的檐，保护巢管不被雨水淋湿。纸箱外包一层塑料膜以挡风雨。一般每亩放 2～4 个巢箱，每箱 100～200 管，箱底距地面 40～50 厘米。箱口应朝向东南，宜放在缺株或行间，使巢前开阔。巢箱前最好提前栽些油菜、萝卜等，弥补前期花源不足。

放蜂时间。可分两次放蜂，第一次在花蕾分离、少量花露红时，第二次在初花期。在花前 7～8 天放茧，存放于 4℃的茧应在花前 15 天，放于 7～8℃或室内。放蜂量每亩 400～100 头。

（3）应用植物生长调节剂。研究表明，红灯花期喷 20 毫克/升 6 - KT（6 - 糖氨基嘌呤）和 30 毫克/升赤霉素，坐果率高达 56.9%，比单独施用赤霉素提高 6.8 个百分点，比自然坐果率提高 21.2 个百分点。

（4）根外追肥。盛花期喷施 150 毫克/升的钼酸钠能显著提高红灯甜樱桃的坐果率，坐果率分别为 41.40% 和 39.96%，比自然坐果率分别提高 17.6 和 16.1 个百分点，效果显著；花期喷硼砂和磷酸二氢钾 1～2 次。

3. 预防落果、裂果 甜樱桃果实硬核前，常发生幼果早衰，出现大量落果。落果的程度因品种、树势而不同。壮树较轻，弱树较重。造成落果的原因：①树体贮藏营养不足。谢花后，树体坐果较多，果实间相互争夺树体养分，因树体贮藏营养不足，那些竞争力较弱的果实，因"饥饿"而脱落。②在果实发育的第二个时期（硬核和胚发育期），因土壤干旱缺水而出现旱黄落果。据测定，根系主要分布层的土壤含水量下降到 12% 时，会发生旱黄落果。预防落果的措施是，加强树体营养管理，提高树体贮藏营养水平，合理负载。谢花后至果实硬核前适当浇水，确保果实发育需要的水分。

甜樱桃近采收期遇雨容易引起裂果。此期若土壤湿度不稳定，如久旱遇雨或突然灌大水，由于果皮和果肉的吸水膨胀率不一致，即可造成果皮破裂。不同品种裂果部位不一样，美早容易萼洼裂纹，早大果在梗洼处形成圆形裂纹，布鲁克斯在果面上形成不规则的几条裂口。预防裂果的措施主要有：

①选择抗裂果的品种。如拉宾斯、黑珍珠、柯迪亚、甜心等。

②保持花后土壤水分稳定。使土壤含水量保持在田间最大持水量的 60%～80%，防止土壤忽干忽湿。干旱时，需要浇水，应少水勤浇，严禁大水漫灌。

③叶面喷钙肥。采收前 2 周叶面喷施 0.5% 的氯化钙，能减

轻樱桃裂果。

④建设防雨设施。

4. 生产优质大果 樱桃优质生产，确保果实单果重大是重要特征，一般单果重越大，质量越高，市场价高畅销；相反，个小质差，销售困难。生产优质大果的主要措施有：

（1）增加树体贮藏营养。

①重视有机肥使用。9月中下旬，土壤施有机肥，增加土壤有机质，切记要早施基肥，不能拖至12月或翌年春季施基肥。

②重视叶片保护。一是加强夏秋季病虫害防治，重视叶部病害防治，特别是褐斑穿孔病、炭疽病等，防止提前落叶；注意果园水分管理，大雨后及时查看果园，防止出现涝害，秋寒季节，及时灌水，防止过分干旱引起的叶片焦边、黄化，导致脱落；初冬季节，一般叶部喷施不同浓度的尿素，及时促进叶片养分回流，促进正常落叶。

（2）合理负载。果树产量控制至关重要。一般在1 000～1 500千克/亩。自花结实或丰产品种，如先锋、雷尼、拉宾斯等，花期气温适宜，容易坐果多，果实个小，严重影响质量，需要通过疏花疏果，控制产量，提高单果重。通常做法是：

通过修剪控制结果母枝数量，控制花芽数量，进而控制产量，尤其重视花前复剪，控制负载量。如：G5矮化砧木，成花容易，花量大，休眠期修剪时要适当短截花枝，中长果枝背上的花束状果枝部分疏除。开花前进行复剪，再次疏掉部分花枝、花芽。

坐果后，人工适当疏果，特别是疏除畸形果、小果，增加单果质量。

（3）重视果实发育期树体营养管理。一是坐果后新梢生长期，适当保持部分长梢，确保一定的叶果比；二是果实发育期追施2～3次速效性肥料，保证水分平稳供应，小水勤浇，确保果实发育需要的水分供应。

花期喷 9 毫克/升 GA₃ 1 次，促进幼果生长；采收前 3 周左右喷 1 次 18 毫克/升 GA₃，增大果个；谢花后至采收前，喷施叶面肥。适期采收。生产中普遍采收过早，应依据糖度、色泽和经验，适当晚采。

（4）甜樱桃套袋技术。近几年，在甘肃天水、四川汉源，开始套袋栽培，尤其西部晚熟采收地区，效果显著，呈推广趋势。主要作用：减轻裂果的困扰、减轻病虫鸟的危害、延迟采收提高品质、利于贮运销售。

套袋技术要点与注意事项。

①品种的选择。根据实际情况，优先选择中晚熟、易裂果品种，如美早、布鲁克斯、宾库、拉宾斯、甜心、友谊、胜利等。合理负载：在加强水肥管理的基础上，产量控制在 750～1 000 千克，确保单果重在 10 克以上的比例达 80％以上。

②纸袋的选择。选择纸质优良的小白袋或小蜡袋，规格为 106 毫米×（74～87）毫米。

③套袋时间。樱桃生理落果期之后至转色期之前最佳。

④套袋方法。套袋前将纸袋撑开，将果实悬于袋中（不要让果实和纸袋摩擦，勿将枝叶套入袋内），再将袋口横向折叠，最后用袋口处的扎丝夹住折叠袋口即可（勿将扎丝夹住果柄）。先套早熟品种，后套中晚熟品种；先套树体上部和内膛果实，再套下部和外围果实。规格为 106 毫米×74 毫米的每个袋套 1～2 个果，规格为 106 毫米×87 毫米的每个袋套 2～3 个果。

四、灾害预防

1. 花期冻害预防

（1）冻害表现。花期冻害即晚霜冻害，是果树生产面临的共同难题，经常因花期冻害而大幅度减产，花期较早的樱桃、杏、李、桃等表现尤为明显。甜樱桃的晚霜冻害主要表现为：

①冻芽。萌芽时花芽受冻较轻时，柱头枯黑或雌蕊变褐；稍重时，花器死亡，但仍能抽生新叶；严重时，整个花芽冻死。

②冻花。蕾期或花期受冻较轻时，只将雌蕊和花柱冻伤甚至冻死；稍重时，可将雄蕊冻死；严重时，花蕊干枯脱落。

③果实冻害。坐果期发生冻害，较轻时，使果实生长缓慢，果个小或畸形；严重时，果实变褐，很快脱落。

（2）预防措施。甜樱桃花期冻害的预防原则包括栽植时做好避霜规划、推迟物候期避过冻害高发期、保持果园热量、促进上层空气对流等。主要的预防措施有：

①建园位置。最好选择地势高、靠近大水体、黏壤土或砂质黏壤土的地块建园。避免在山谷、盆地、洼地等地区建园，这些地区霜冻往往较重。

②选择抗冻品种。选择抗寒力较强的砧木或品种，如吉塞拉、马哈利。

③延迟萌芽开花期。选择晚花品种，如萨米脱等。此外，还可以通过树干涂白、早春浇水等措施延迟萌芽期和花期。在萌芽前全树喷布萘乙酸甲盐溶液（250～500 毫克/千克）或 0.1%～0.2%青鲜素液可抑制芽的萌动，推迟花期 3～5 天。

④增强树体抗寒力。通过合理负载、合理施肥浇水、科学修剪、综合病虫害防治等措施，增强树势和树体的营养水平，提高抗寒力。

⑤树干涂白。树干涂白降低了树体温度，延迟了果树萌芽、开花时间，可有效避免晚霜危害，同时，由于减少了树干水分蒸发，可有效预防抽条。常用的涂白剂为石硫合剂涂白剂，配制方法：生石灰 12 份，食盐 1 份，面粉 2 份，石硫合剂原液 3 份，水 40 份，也可加入少量的杀虫剂，搅拌均匀后即成涂白剂。涂白时气温要在 2℃ 以上，以防结冻成冰。涂白次数以两次为宜，一次在土壤封冻前，另外一次在早春。

⑥加热法。国外主要利用果园铺设加热管道，利用天然气加

热，或利用燃油炉加热的方法，提高果园温度，防御低温。

⑦喷水法。春季多次高位喷水或地面灌水，降低土壤温度，可延迟开花 2～3 天。喷灌降低树体和土壤温度，可延迟开花。根据天气预报，在霜冻发生前 1 天灌水，提高土壤温度，增加热容量，夜间冷却时，热量能缓慢释放出来。浇水后增加果园空气湿度，遇冷时凝结成水珠，也会释放出潜在热量。因此，霜冻发生前，灌水可增温 2℃左右，有喷灌装置的果园，可在降霜时进行喷灌，无喷灌装置时可人工喷水，水遇冷凝结时可释放出热量，增加湿度，减轻冻害。

⑧安装风机。目前，欧美发达国家应用的防霜冻措施之一，在果园里安装不同类型的风机，把树冠上部的逆温层热量搅动至地面树冠层，同时结合地面物理加温，提高果园整体温度。主要优点是自动化、机械化、省时、省力，缺点是一次性投资较大，目前，甘肃省已从美国引进开始推广。

⑨设施保护。在田间搭建高空棚盖和简易活动大棚等防御设施，是解决霜冻的有效途径，同时也是预防冰雹、冷害、鸟雨害等多种自然灾害的综合措施。

已经发生冻害的果园，应采取积极措施，将危害降低到最低限度。对保留的花采取人工授粉或壁蜂辅助授粉，喷硼（0.3%）、尿素（0.3%），以提高坐果率。

2. 遇雨裂果危害 甜樱桃果实膨大期或成熟期遇雨容易引起裂果，轻者影响果实外观品质，重者绝收。减少或避免甜樱桃裂果的主要技术措施有：

（1）选择抗裂果品种与适宜砧木。甜樱桃裂果与环境条件密切相关，应选择适宜当地气候条件的优良品种作为主栽品种。品种间的裂果程度显著，在果实其他品质相差不大的前提下，可选择抗裂性强的品种。也可根据当地雨季来临时期选择不同成熟期的品种，使成熟期避开雨季，从而避免裂果。在选择品种的同时，也应考虑砧木的影响。

（2）保持相对稳定的土壤湿度。适时适量灌水，及时排水，维持稳定适宜的土壤水分状况，尤其是保持花后土壤水分的稳定，是防止裂果的有效方法。使土壤含水量保持在田间最大持水量的60%～80%，防止土壤忽干忽湿。干旱时，需要浇水，应少水勤浇，严禁大水漫灌。果园能应用喷灌，尤其微喷最好，既减少了用工量，又提高了水分利用效率。没有条件的果园可采用根系分区交替灌水技术，既满足树体需水要求，又不至于使土壤水分过多。

（3）避雨栽培。建造塑料薄膜避雨简易防雨棚，以水泥柱、粗铁丝、细铁丝、塑料薄膜或防雨绸、尼龙绳等为材料。遮雨大棚种类很多，但是无论采用哪种，为了防止高温危害，避免影响果实着色和花芽分化，棚顶距离甜樱桃树的上部枝条之间，应保留有1.0米的空间。同时结合起垄（台）栽培地膜覆盖，利于排水，稳定土壤湿度。

（4）增施有机肥，叶面喷钙肥。樱桃果实成熟早，从开花到果实成熟一般是40～70天，每年秋季施足有机肥，春季樱桃萌芽后开花前可少量施一次化肥，促进开花坐果，以后果实整个生长期靠有机肥平稳的提供营养，这样就可以降低裂果并能提高果实品质。

谢花后至采收前叶面喷施200倍的氨基酸钙或600倍的硼钙宝、0.5% $CaCl_2$，能减轻甜樱桃裂果。

3. 防鸟害技术　甜樱桃由于成熟早、果实色泽鲜艳、多汁，很对鸟类喜欢啄食，是遭受鸟害较重的果树之一，主要有花喜鹊、灰喜鹊、麻雀等。随着大量植树造林和人们环保意识的增强，这些鸟类的数量有了明显的增加。

野生的鸟类受法律保护，不得射杀伤害，因此鸟害只能设法驱避。国内外果园驱鸟的方法主要有：

（1）人工驱鸟。在甜樱桃临近成熟时开始，在鸟类危害果实较严重的时间段，如清晨和黄昏，设专人驱鸟，及时把鸟驱赶至远离果园的地方，大约每隔 15 分钟在果园中来回巡查、驱赶 1 次。

（2）置物驱鸟。在樱桃园中放置假人、假鹰（用多种颜色的鸡毛制成，绑缚于木杆上，随风摆动驱鸟），或在果园上空悬挂画有鹰、猫等图像的气球或风筝，可短期内防止害鸟入侵。

（3）声音驱鸟。将鞭炮声、鹰叫声、敲打声及鸟的惊叫、悲哀、恐惧和鸟类天敌的愤怒声等，用录音机录下来，在樱桃园内不定时地大音量播放，以随时驱赶散鸟。音响设施应放置在果园的周边和鸟类的入口处，以利借风向和回声增大防鸟效果。

（4）反光设施和设备。果园地面铺盖反光膜，其反射的光线可使害鸟短期内不敢靠近树体，同时也利于果实着色。

（5）挂防鸟彩带。防鸟彩带由纤维性材料和塑料薄膜制成，长 10～15 厘米，宽 5～10 厘米，正反两面为紫红色或铝箔色，能反射出耀眼的光。使用时将两端拴在木桩上，使其随风飘舞，它便会在自然光和灯光的照射下，放射出奇异的彩色光束，使鸟产生惧怕而逃走。每公顷果园只需 20 卷彩带。成本低，简单易行，便于普及推广。

（6）悬挂光碟。收集外观未受损的、银面光亮无痕的光碟、光碟直径为 12 厘米、单面或双面银色的废弃光盘。用尼龙绳从光碟的中心小孔中穿过，将靠近光碟一端的尼龙绳打结拴住光碟，将尼龙绳的另一端提起。在樱桃树外围中上层东、西、南、北 4 个方位各选一个枝，将光碟的另一端拴在选定的枝上，一个枝上挂一个光碟。果实采收后，将光碟从树枝上取下回收，保存在干燥通风的地方，以备翌年重复利用。该方法经济环保、简便易行、持续防鸟效果好。

（7）化学驱逐剂驱鸟。在甜樱桃成熟期，在树冠上部悬挂配置好的驱鸟剂，缓慢持久地释放出一种影响禽鸟中枢系统的芳香气体，迫使鸟类到别处觅食而远离果园。

（8）防鸟网。架设防鸟网是既能保护鸟类又能防治鸟害最好的方法。对树体较矮、面积较小的果园，于甜樱桃开始着色时（鸟类危害），在果园上方75～100厘米处增设由8～10号铁丝纵横交织的网架，网架上铺设用尼龙或塑料丝制作的专用防鸟网（白色及红色丝网或纱网等，网孔应钻不进小鸟，网目以4厘米×4厘米为宜）。网的周边垂至地面并用土压实，以防鸟类从侧面飞入。也可在树冠的两侧斜拉尼龙网。果实采收后可将防护网撤除。

五、设施栽培

樱桃春季开花早，花期容易受晚霜危害，成熟期遇雨容易裂果，采收期遭受鸟害等，严重影响了优质果品的生产。甜樱桃成熟期相对集中，市场供应期短。开展设施栽培，避免了上述危害，还能提早成熟，提高品质，延长供应期，保障了优质果品生产，满足市场需求。

樱桃设施栽培主要包括促成栽培、避雨栽培和越冬保护栽培。目前，甜樱桃主要以简易日光温室和塑料大棚进行促成栽培为主，主产区在辽宁大连和山东临朐、烟台。小樱桃避雨保护栽培在南方江浙沪和云贵川冷凉高地有所发展。

1. 设施类型

大连地区主要采用简易日光温室进行甜樱桃促成栽培，多采用Ⅰ型和Ⅱ型。其中Ⅰ型结构：南北跨度9.0米，东西长度50.0～80.0米，墙体厚度1.5米，多为钢架结构，脊高4.3米，后墙高2.5米，采光屋面角30.8°，后坡仰角45°，后坡长2.5米。

Ⅱ型结构：南北跨度11米，东西长度50～70米，前后坡投影比6∶1，采光屋面角27°，脊高4.84米，后墙高3米，后坡仰角50°，后坡长度2.4米。墙体复合厚度1.0米。钢架结构。

　　日光温室一般采取坐北朝南、东西延长的方位。温室阳面南偏东时，可增加上午的光照时间，南偏西时，有利于延长温室内下午的光照时间。大连地区，温室的朝向南略偏西 $5°\sim8°$ 的方位为宜。

　　生产中，日光温室的具体结构、建造方法根据实际立地条件的不同有所调整。以大连地区长 100 米、南北跨度 12 米的日光温室建造为例，脊高为 $5.3\sim5.5$ 米，后墙高 $2.0\sim2.5$ 米，后墙的建设成本根据立地条件不同（坡地还是平地，坡地挖掘的难易），有所差异，一般 2.0 万～3.0 万元，大多情况下，山坡地后墙的造价要低于平地；需要钢材 $6\sim8$ 吨，按照 5 000 元/吨计算，需 3 万～4 万元。需要保温被或草苫子 1 500 米^2 左右，保温被 $13.0\sim17.5$ 元/米^2、草苫约 6 元/米^2；如果选用保温被，按 15 元/米^2 计算，需 2.25 万元，若选用草苫子，需 0.9 万元；用工费成本大约 1.5 万元，卷帘机、塑料膜、压膜绳等大约需要 1.5 万元；共计投资 8.9 万～12.25 万元。

　　欧美国家主要采用加拿大 Cravo 公司和荷兰 Amevo 公司生产的连栋温室进行甜樱桃促成栽培。设施为钢架结构，环境调控能力强，机械化控制程度高；一次性投入大，但使用年限长，经济高效。以 Cravo 公司的 X Frame 型为例，脊高、排水沟高度和单栋宽分别为 $5.0\sim6.5$ 米、$3.2\sim4.3$ 米和 $8.0\sim9.6$ 米；温室的周围均采用地锚（Anchors）固定，温室封闭时可抵御 110 千米/时的大风，每平方米可承受 21 千克的冰雹或雪；每个坡面有 $7\sim9$ 根钢丝绳承担覆盖材料，$2\sim3$ 根钢丝绳连接覆盖材料的移动端和温室一端的转轴，一台电动机可控 4 500 米^2 覆盖材料的开启和关闭，仅需 2.5 分钟；覆盖材料一般可以使用 $8\sim12$ 年。

　　（1）塑料大棚。山东临朐、辽宁大连等地采用塑料大棚进行甜樱桃促成栽培，设施形式多样，有单栋、双连栋和多连栋塑料大棚，大多南北走向，也可东西走向；可以加温，也可以不加温。多为钢架结构，其长度和跨度因园片不同差异较大，一般长度为 40～120 米，单栋跨度 8～21 米，脊高 5～9 米。主要有塑料大棚骨架、塑料薄膜、保温材料、卷帘机 4 部分组成。大棚骨架主体部件由钢管构成，可分为：立杆（即棚顶最高点柱支撑）、横杆（即棚体高点纵向通杆）、每间的梁体及每间梁体中间的檩条（可以是钢管或竹竿材质，若要是竹竿材质纵向要通体用钢丝固定）、棚体斜向支撑的顶杆、用草帘保温的大棚顶部要有两条卷杆及卷帘机支架等部分组成，材质均用寿命长的热镀锌钢管。大棚的北面，一般使用保温材料，里外用塑料薄膜包裹好，常年固定其上。其上可以视棚内具体需要通风情况，在特定位置开一活动的通风口，易于开启。南北走向的南棚头外部的保温材料，需在棚顶外部合理分布滑轮，下部设置一卷帘机将其上下卷起放下。

棚架高度：棚架高度由具体地块和树体高度而定，单栋棚跨度一般为 8～21 米，宽度再大的可以两个以上连栋；高度由树体高度和单栋跨度决定，棚面要有一定的拱起弧度，拱高一般为 35 厘米左右。东西走向的大棚一般前面坡大，北面坡小，具体视不同的跨度而定。

生产中，塑料大棚的建造大多是在原有结果期大树的基础上扣棚，棚体大小不一。如果按照每亩地的投资计算，钢材总用量大约 7 吨，200 千克钢丝，用于固定棚体，按近段时间的市价大约需 3 万元；需要保温被或草苫子 1 000 米^2 左右，保温被 13.0～17.5 元/米^2、草苫约 6 元/米^2；如果选用保温被，按 15 元/米^2 计算，需 1.5 万元，若选用草苫，需 0.6 万元；用工费成本大约 1.3 万元，卷帘机、塑料膜、压膜绳等大约需要 1.5 万元；共计投资 6.4 万～7.3 万元。

欧美国家主要采用英国 Haygrove 公司生产的温室系列塑料大棚（Greenhouse Series Polytunnels）进行甜樱桃促成栽培。该设施规模化生产的费用明显低于连栋温室。该设施为直径 4 厘米的镀锌钢架结构，由支柱和弯拱组成，支柱间距为 2.2 米，支柱长 1.5～2.5 米，其一端插入土壤 65～85 厘米深，另一端两侧焊有 2 个内径为 4 厘米、长为 20～30 厘米、底端封闭的镀锌钢管（用于安装弯弓）；弯拱的宽度为 8.5 米，最大脊高为 5.0 米，支柱上部弯拱之间也可安装排水沟；其两端、两侧及顶部覆盖材料均采用电动机开启和关闭。

（2）避雨棚。1982 年，瑞士率先开展了采用避雨棚预防甜樱桃裂果的研究，随后比利时、荷兰、英国、新西兰、美国、德国、挪威、波兰等国家陆续开展了相似的试验。目前，应用较多的避雨棚有瑞士的 Frustar、挪威的三线式（Three-wires system）、德国的 Bruhwiler 和 VOEN、荷兰的 Amevo 和 Rovero。其中，三线式为"圆木柱＋铁丝"结构，Frustar Bruhwiler 和 VOEN 为"圆木柱＋铁丝"或钢架结构，Amevo 和 Rovero 为连体式钢架结构；避雨棚的支架、覆盖材料、连接件、地锚、防鸟（虫）网等均为专业公司标准化生产，安装省工、规范、整齐。

我国甜樱桃避雨棚保护栽培的起步较晚，2005 年，大连金州区采用避雨棚预防甜樱桃裂果获得成功。大连地区避雨棚主要为"水泥杆＋沙条杆"结构，铁丝做龙骨，覆盖材料为聚乙烯或聚氯乙烯膜；1 个棚覆盖两行树，棚高 5.5 米，侧高 2.7 米，离地面 1.8 米以下不覆盖。山东省烟台市农业科学研究院通过对不同类型、不同立柱、不同覆盖物的 10 种避雨防霜设施的成本、实用性、效果进行综合对比筛选，根据园片立地条件、材料获得的难易、建棚成本等因素，确定出 6 种类型的简易避雨防霜棚。

2. 设施促成栽培

（1）品种选择与配置。砧木品种，以矮化、半矮化砧木为主，目前推荐 G6、G5；选择考特、马哈利、大青叶等乔化砧木，采用矮化密植栽培技术，进行成龄树断根移栽，促进成花早果；接穗品种，以个大、硬肉、丰产的早中熟种为主，侧重自交亲和品种，色泽上以深色品种为主，适当搭配浅色品种。目前生产表现中，山东临朐主要以红灯、美早为主，搭配先锋、拉宾斯、雷尼授粉；大连地区主要以美早、佳红、萨米脱等为主。推荐推广品种有布鲁克斯、瑞德、黑珍珠、鲁玉、明珠、雷尼、拉宾斯等。

促成栽培的甜樱桃品种选择需遵循以下原则：市场前景好，价格高、销路好；个头大，品质好，丰产性好；需冷量低，完成休眠早，能早扣棚；果实发育期短，能提早上市；适应性强，栽培障碍少，易管理；花期一致、相互授粉亲和性好（S基因型不同），授粉品种花期长、花量大。

品种需冷量方面，前期研究一般认为大多数甜樱桃品种的需冷量 600~1 200 小时，有些品种需冷量 1 000~1 400 小时。中国农业科学院郑州果树研究所最新研究认为，0~7.2℃模型作为甜樱桃需冷量的评价标准比较适宜；≤549 小时的品种属于低需冷量品种，573~716 小时的品种属于中需冷量品种，≥740 小时的品种属于高需冷量品种。国内各广泛栽培的品种大多属于中需冷量品种，需冷量值主要在 550~720 小时（表5-3）。

（2）扣棚与升温时间。甜樱桃树体进入自然休眠后，需要一定限度的低温量才能解除休眠，升温后才能进行正常的萌芽、开花结实和果实成熟，因此，甜樱桃完成自然休眠之后才能覆膜。覆膜过早，发芽、开花不整齐、影响果实的产量和质量。通过自然休眠，要达到一定的需冷量，甜樱桃为 7.2℃以下 1 100~1 440 小时，温度低时，时数少些。不同品种间略有差异。根据需冷量推测，山东烟台地区 12 月底至翌年 1 月初可通过自然休眠。具体扣棚时间，要根据大棚的设施条件和鲜果上市需求时期来确定。烟台、青岛地区，加温、保温条件较好的，于 1 月底至 2 月初覆膜；无加温、保温条件的 2 月下旬覆膜。

表 5-3 应用 0~7.2℃模型分别统计甜樱桃品种花芽和
叶芽需冷量（小时）

品种	花芽	叶芽	品种	花芽	叶芽
雷尼	516	649	早大果	657	725
春晓	524	694	红艳	659	743
芝罘红	549	628	雷洁娜	666	718
布莱特	573	671	巨红	667	679
红灯	583	626	宾库	669	701
先锋	589	606	桑蒂娜	680	658
艳阳	592	649	红蜜	626	649
抉择	596	670	斯得拉	626	626
早红珠	598	618	奇好	628	628
宇宙	600	668	友谊	700	725
柯迪亚	609	723	塞尔维亚	703	771
红清	610	645	极佳	704	746
龙冠	621	654	红鲁比	757	670
胜利	645	706	红手球	761	716
美早	645	649	拉宾斯	652	678

　　大连地区通常在 10 月中下旬后当外界气温出现 0℃时要及
时扣膜盖草苫，晚上打开通风口，白天合上通风口，盖上草苫，
使温度控制在 0~7℃，当累计低温达到 1 000~1 200 小时后才
能完成树体休眠，不同品种休眠时间长短不一，大连市农业科学
院果树研究所研究表明：红灯、红艳、早红珠、红蜜需冷量为
800~850 小时，佳红、美早为 950~1 000 小时。因此，必须在
满足所栽植品种的最高低温需求量后才能揭帘升温。一般大连地
区 12 月下旬开始升温，北部地区可稍早。升温前土壤灌一次透
水，然后覆地膜；并且升温前后完成修剪工作，要求树高与棚高
之间距离 50 厘米。直立、强旺枝拉至水平，内膛细弱枝短截

回缩。

（3）设施内管理。大连地区，采收后夏季覆盖遮阴网的温室，当休眠1周左右时，叶片部分开始黄化脱落，对于没有脱落的叶片，需要人工摘除，并清理落叶。清理完落叶后，浇封冻水，确保休眠期土壤中的湿度，减轻寒冷导致的水分流失，随时检查土壤墒情，如有干旱现象，及时补水。

①萌芽前管理。萌芽前是指从升温到芽开始萌动这段时间（30～50天），具体管理包括修剪、打破破眠、温湿度控制等。

A. 修剪。类似于露地栽培休眠期修剪，目的是充分利用空间、多结果。方法上以疏枝和回缩为主，少短截。原则上树冠上层适当多剪，下层少剪，改善通风透光，适当疏除花芽或弱枝，防止发徒长枝。切忌修剪过重，对于大枝要谨慎处理，特别是下层的主枝，即使没有多少产量，也要保留，保持树体平衡。主枝延长头单轴延伸。

B. 打破休眠。利用破眠剂打破休眠，促进萌发。常用单氰胺（化学名称为氨基氰，简称为氰胺，商品名称为荣芽、朵美滋，剂型为50%水溶液）。施用时间在升温后第一至二天的下午为宜，施用浓度50%的荣芽50～70倍液，树体喷施均匀，第二天开始拉帘升温。喷施当天要浇1次透水，若土壤较湿的情况下，可在8～10天后浇一次水为好。喷药后棚内夜间温度不要低于5℃，低于5℃时应取暖保温。棚内要保持相对较高湿度，干燥时在下午时段向树体喷水增湿。喷施单氰胺可使萌芽期提前15天左右，开花和成熟期提前10～15天，且萌芽率明显提高，萌芽、开花整齐一致，成熟期集中，单果重和产量均有提高。

C. 温度调控。通过适当提高气温，来缩短升温至开花的时间；开花后，再降低温度。日光温室高温区〔昼夜温度为（24±2)℃／（14±2)℃〕和低温区〔昼夜温度为（17±2)℃／（5±2)℃〕。生产中，温度管理可大体划分为保守型、稳重型和着急型3种类型（表5-4）。不同类型之间，开花的天数相差10～20天。

前 3～7 天为树体适应阶段，控制温度较低；之后加温，直至开花期才将温度降回来。无论采用哪种类型，首先要考虑到设施条件和管理水平，切勿盲目抢早。相对来说，稳重型的升温管理模式更适合广大果农。

表 5-4　萌芽前温度管理的 3 种类型

类型	升温 3～7 天	花前温度	升温至开花需要天数
保守型	15℃	18～20℃	50 天
稳重型	15～18℃	23℃	40 天
着急型	15～18℃	30℃	30 天

注：当有花开放时，将温度降至 18～20℃（升温至开花需要的天数，是按照美早品种来计算的）。

D. 湿度调控。高温高湿的环境条件，有利于打破休眠。湿度管理分为土壤湿度和空气湿度。土壤湿度通过浇水来完成，在不覆盖地膜的温室里，花前大概需要浇两次水（第二次浇水距离花期较近，容易延迟花期）；覆盖地膜的温室，只需在升温后第二至三天浇 1 次水即可。空气湿度，花前要保证空气湿度在 70％～80％，如湿度下降，可通过中午人工洒水进行补充。

E. 病虫防控。升温 15 天左右，芽未吐绿、鳞片松动、有缝隙时，喷施 5～8 波美度的石硫合剂。

F. 土肥水管理。喷完破眠剂后，地面即可覆盖。沙土地可以不用划锄，直接覆盖；土壤偏黏的土地，最好进行划锄，再进行覆盖。

升温后，如果土壤追肥，容易破坏根系，对树体坐果有一定的影响。可以结合解冻水，加入一定量的沼液或豆饼水，随水一起施入树盘内。

②萌芽期管理。萌芽期是指芽体膨大、鳞片绽开到幼叶分离或花蕾伸出的时期，是花芽和叶芽竞争营养的重要阶段。

A. 温湿度调控。温度调节：经过 15～20 天的升温期，大部分芽开始吐绿，但由于设施内环境、位置、树体方位的差异，同一设施内会出现生长发育不一致的现象。适当地控制局部的温度，调整树体发育的整齐度，尽量同时进入花期，便于管理。

高温会加速花芽发育，却抑制胚珠多糖水解，难以满足胚珠、胚囊快速发育对碳水化合物的需求，最终胚囊败育。这一时期白天温度过高，花期会出现花瓣小、花柄短、柱头短或弯曲、花药的花粉量少等现象，不利于媒介授粉。采用蜂媒辅助授粉的，白天的温度一般控制在 12～16℃，确保花器官的发育，有利于授粉受精。夜间温度最低控制在 5℃ 左右。

湿度调节：地面覆盖薄膜的，土壤湿度变化不大；未覆盖薄膜的，若土壤缺水，可小水补浇，切勿大水漫灌，会延迟花期。当设施内空气湿度降至 20％ 以下时，需要地面喷水加湿，防止湿度过低发生烤芽现象。

B. 抹芽、修剪。通过抹除过多或过密的叶芽和花芽，减少对贮藏营养的消耗，促进坐果，还可以减少疏花疏果和夏季修剪的工作量。

抹除叶芽：对于多头新梢，新梢前部，节间短、叶芽密集，疏除过多的叶芽，保留一个相对较弱的叶芽；对于修剪时留的短橛，如果萌发后不抹除，会大量发枝，造成养分的浪费，可根据叶的长势和角度适当保留，确保有生长点，避免形成光秃带；对于主枝上萌发的背上芽，容易形成徒长枝，可根据空间和实际情况，进行留或抹；对于枝条基部的潜伏芽可以全部抹掉。疏除部分过密、过弱花芽。

C. 肥水管理。萌芽期不宜浇水施肥。生产上，为了促进花和叶养分的供应，果农习惯萌芽期使用偏氮和磷的水溶肥，每株 100～200 克。

③花期管理。

A. 人工辅助授粉。一般设施内放蜜蜂进行辅助授粉，蜂量大时需要饲喂。同时开展人工辅助授粉，用鸡毛掸子在不同品种的花朵上扫动授粉，自初花期开始，一般进行 3～5 次授粉。

为提高单果质量，开展疏花芽、疏花蕾、疏花疏果等。萌芽前花前复剪控制负载量，萌芽后至开花时疏花蕾。每个花束状枝保留 7～8 朵花。生理落果后疏除畸形果。

B. 喷施 PBO。当树体有个别花开放时，喷施 80～200 倍的 PBO。喷施后，3～5 天即可进入盛花期。

C. 温湿度管理。白天温度控制在 18～20℃，若温度过高，柱头容易失去黏性，影响授粉受精。夜间温度控制在 5～8℃，若夜温过高，叶片大，新梢生长快，不利于坐果。当下午 1 时，相对湿度低于 20%，可向地面适量喷水；每天清晨，打开风口，当棚膜不滴水，关闭风口，可减少病害的发生。尽量不浇水，浇水会导致花期延长。

④果实第一次膨大期的管理。授粉受精后 20 天左右，果实进入第一次迅速膨大期。

A. 温湿度调控。白天温度 21～23℃，夜间温度 8～10℃。相对湿度 50% 以上。当下午 1 时，可以适当地进行喷水来提高设施内的湿度。

B. 修剪管理。幼果、叶片和新梢，三者之间是相互竞争的关系。新梢一般可以留 7～8 片进行摘心，果量多的位置长出的新梢，相对生长势不强，可以考虑留或晚些摘心，果量少的位置的新梢，可以早摘心。对于过密的新梢，适当进行疏除。对于叶果比严重失调的树，要及时疏果。

C. 肥水管理。一般从落瓣开始到硬核初期，每 7～10 天浇 1 次水肥，浇水量不易过大，切忌只浇水不施肥。施肥方面，可以考虑使用 N：P：K＝16：16：16 或 20：20：20 的水溶性肥，根据树体的挂果量，每株施用 200～400 克，同时还可以配合有机肥和生根肥。覆盖地膜的可以从两侧灌入，未覆盖地膜的要灌溉后及时松土，减少水分流失。

注意事项：落瓣后，及时敲掉未落花瓣，减少果实病害发生的概率。防止夜间温度过高，新梢生长旺对幼果形成养分竞争。平衡树势，合理负载，留果量切勿贪多。

⑤硬核期的管理。

A. 温湿度调控。白天的温度控制在 22～24℃，夜间的温度在 8～10℃；夜间温度过高，新梢生长旺，易与果实产生营养竞争。每隔 2～3 天，对地面进行喷水，维持设施内的湿度。温室前底角和大棚两侧的树，离棚膜近，温度较高，放风时最好拉开底角风口，能有效地平衡设施内的温度。

B. 修剪管理。新梢一般可以留 7～8 片叶摘心，果量多的位置长出的新梢，相对生长势不强，可以考虑留或晚些摘心；果量少的新梢，可以早摘心；对于过密的新梢，适当进行疏除。

C. 肥水管理。施肥方面，以有机肥为主，类似黄腐酸、腐殖酸和腐殖质类肥料。此阶段果实生长缓慢，氮、磷、钾的水溶肥作用效果并不明显，可以不用或少用。有机肥的施用量要根据树体的负载量，每亩一次 10～20 千克。从硬核初期至硬核结束，每 7～10 天浇 1 次水肥，切忌只浇水不施肥。

⑥果实第二次膨大期的管理。甜樱桃第二次膨大期，是从硬核至果实成熟。主要特点是果实迅速膨大，横径增长量大于纵径增长量。第二次膨大期，果实的增长量占成熟期果实重量的 70％以上，充足的水肥供应，昼夜温差较大，可使果实充分膨大。若白天温度过高，能减少果实膨大的量，促进提早成熟。果实转白至着色期膨大尤为明显，但此时遇大雨或大水漫灌，易引起裂果。

A. 温湿度管理。前期，白天的温度控制在 23～25℃，夜间的温度在 10℃。夜间温度不宜过高，易导致新梢旺长，适当地晚放保温被，降低夜间温室的温度。控制土壤水分和空气的湿度，有利于减少裂果的发生，湿度过低时，可通过浇水和喷水来进行弥补。

B. 修剪管理。新梢进行反复地摘心，控制其生长量，促进果实发育和花芽的分化。对于徒长的枝条，要及时疏除，避免养分不必要的消耗。

C. 肥水管理。通过增加肥水供应，确保果实继续膨大。施肥方面，可以考虑使用高钾的水溶性肥，根据树体的挂果量，每株施用 200～400 克，同时还可以配合有机肥。每 7～10 天浇 1 次水肥，浇水量不易过大，直至采收。没有滴灌的，可以用打药池来配置肥料，使用打药泵进行浇水施肥。覆盖地膜的可以从两侧灌入，未覆盖地膜的要灌溉后及时松土，减少水分流失。

预防裂果。覆盖地膜，能减少灌溉的次数，也能稳定土壤湿度，有利于根系对水分的吸收，还能降低空气的湿度。

小水勤浇能维持土壤湿度，同时将肥料带入根系附近，利于树体吸收，对果实生长和叶片的质量都有很好的效果。7～10 天浇 1 次小水。

地面喷水，增加湿度。在甜樱桃转白上色时期，每 2～3 天下午 1 时，对地面进行喷水，增加空气中的湿度，确保湿度相对稳定。可使用打药泵进行喷水，但要注意不要喷到叶片和果实，以免出现裂果的现象。

开放风口，降低湿度。打开风口是降低湿度最有效的办法。早晨卷起保温被，棚膜会有一层霜，阳光照入后，会形成水滴，此时空气湿度接近 100%。若卷起保温被后，打开上风口半小时，能明显降低空气的湿度，降低裂果的概率，虽然温度暂时有所下降，但很快就会升上来。晚上放保温被前，打开上风口半小时，同样也可以起到很好的效果。对于阴雨天，外界的湿度 100%，最好关闭风口，防止温室内的湿度过大。

⑦采收后的管理。采收后的管理往往被果农所忽视。在采收后，控制好设施内的温度和湿度，保证树体的正常生长，减少二次花的发生，及时防治病虫害，确保树体的养分回流，促进花芽分化，为翌年的生产打下良好的基础。

A. 及时去除覆盖物。采收近结束时放风锻炼不得少于 15～20 天，去除棚膜但防止撤膜过急。撤膜后及时罩遮阳网保护，防止夏季高温日晒灼伤叶片，遮阳网的遮光率要在 30％以下。

B. 及时补肥。种类以速效性肥料为主，株施腐熟豆饼 2～3 千克或氮、磷、钾复合肥 1 千克，沟施，沟深 20 厘米左右。叶面补肥，每隔 15 天左右喷施叶面肥 1 次，连续 2～3 次。

C. 追肥后灌水。雨季搞好棚内排水。预防夏季高温干燥对树体的影响，要及时喷灌水和打开通风窗。

第六章
樱桃病虫害绿色防控

一、绿色防控技术及产品

1. 绿色防控技术 在樱桃育苗和生产期间，会遭受到多种病菌、昆虫等有害生物的危害，它们取食樱桃的根、茎、叶、花、果，阻碍树体生长发育、开花结果，甚至死枝死树，严重影响樱桃产量和品质，降低果农收益。因此，需要对这些病虫进行合理防控，以保证樱桃的正常生产。随着科学技术的不断发展，人类逐渐研究出防控病虫害的新理念、新技术和新产品，并把它们综合在一起应用，称为有害生物综合治理（IPM）。随着人类温饱问题解决和生活水平的提高，食品安全逐步被重视。为了防止化学农药残留与污染，目前，国家提倡农业病虫害绿色防控。绿色防控是指从农田生态系统整体出发，以农业防治为基础，积极保护利用自然天敌，恶化病虫的生存条件，提高农作物抗虫能力，在必要时合理地使用化学农药，将病虫危害损失降到最低限度。它是持续控制病虫灾害、保障农业生产安全的重要手段；是通过推广应用生态调控、生物防治、物理防治、科学用药等绿色防控技术，以达到保护生物多样性、降低病虫害暴发概率的目的。同时，它也是促进标准化生产、提升农产品质量安全水平的必然要求；是降低农药使用风险、保护生态环境的有效途径。

（1）生态调控技术。采取选用抗病虫品种、优化果树布局、培育健康苗木、改善水肥管理、实施健康栽培、清除病残体，并结合果园生草、种植天敌诱集带等生物多样性调控与自然天敌保护利用等技术，改造病虫害发生源头及滋生环境，人为增强自然控害能力和作物抗病虫能力。在樱桃实际生产中这种技术用的很多，几乎每种病虫害的防治都能用到，如选择栽植抗病毒病和根癌病的樱桃品种，夏季清理果园落果，冬季清理果园落叶、剪病虫枝，生长季节人工捕杀天牛、茶翅蝽、金龟子、舟形毛虫等，增施有机肥和配方施肥增强树体抵抗能力，合理修剪改善通风透光抑制病害发生。

（2）生物防治技术。生物防治技术是指利用活体自然天敌生物或来源于生物的活性物质防治病虫，如以虫治虫、以菌治虫、以鸟治虫、以螨治螨、植物源农药、农用抗生素、植物诱抗剂等生物生化制剂应用技术。目前，我国主要用于防治害虫，可以大量人工繁殖释放的天敌有苏云金杆菌、质芽孢杆菌、枯草芽孢杆菌、微孢子虫、昆虫病原线虫、昆虫病毒、白僵菌、赤眼蜂、瓢虫、草蛉、捕食螨、塔六点蓟马、小花蝽等。

（3）理化诱控技术。利用各种物理因子（光、电、色、温湿度、风）、器械和诱杀剂防治害虫的方法，包括高温灭菌、捕杀、诱杀、阻隔、辐照不育技术的使用等。如防虫（鸟）网阻隔、杀虫灯诱虫，黄板诱杀叶蝉，果树涂白驱避害虫产卵，诱虫器皿内放置糖醋液诱杀果蝇，性诱剂诱杀卷叶蛾、食心虫等。

物理防治的特点是其中一些方法具有特殊的作用（红外线、高频电流），能杀死隐蔽危害的害虫；原子能辐射能消灭一定范围内害虫的种群；多数没有化学防治所产生的副作用。但是，物理机械防治需要花费较多的劳动力或巨大的费用，有些方法对天敌也有影响。如黄板、蓝板和黑光灯诱杀害虫的同时也会诱杀一些寄生蜂、草蛉、食蚜蝇等，田间应根据害虫发生规律注意挂放时间和周期。

糖醋液的配置方法：取白酒、红糖、醋、水按 1：1：4：16 混合在一起，加入少量有机磷杀虫剂，用棍棒搅拌均匀后，分装到玻璃罐头瓶或类似的敞口容器中，悬挂到果园内或边上。经常查看诱虫情况，捞出瓶内的虫体，根据诱集害虫的种类，还可以预测害虫的发生情况，指导防治。另外，性诱、光诱、色诱也能起到虫情测报作用。

科学用药技术：2017 年新发布的《农药管理条例》中规定，农药是指用于预防、控制危害农业、林业的病、虫、草、鼠和其他有害生物以及有目的地调节植物、昆虫生长的化学合成或者来源于生物、其他天然物质的一种物质或者几种物质的混合物及其制剂。由于一些农药具有毒性、污染环境、伤害有益生物，所以必须根据果园病虫害发生情况选用高效、低毒、低残留、环境友好型农药在病虫防治关键时期施药，采取农药的轮换使用、交替使用、精准使用和安全使用等配套措施，延缓农药抗药性发生、提高农药利用率、达到最佳防治效果、减少农药污染。严格遵守农药安全使用间隔期，降低农药残留，保证果品安全，避免农药对人类、有益生物和环境的不良影响。

2. 绿色防控产品

（1）杀虫灯。杀虫灯也称为黑光灯，是根据昆虫具有趋光性的特点，利用昆虫敏感的特定光谱范围的诱虫光源，诱集昆虫并能有效杀灭昆虫，降低害虫数量，是防治虫害和虫媒病害的专用装置。不同种类的昆虫对不同波段光谱的敏感度不同，波长 320～400 纳米是人类看不见的长波紫外光对数百种害虫有较强的诱集力。杀虫灯不断被加入新的科学技术升级换代，目前，有频振杀虫灯、太阳能杀虫灯、LED 杀虫灯等，使杀虫效果不断提高。在樱桃园主要诱杀各种金龟甲，应在 4～7 月夜晚开灯使用，可有效诱杀黑绒金龟、铜绿丽金龟、暗黑鳃金龟。

（2）粘虫胶和粘虫板。粘虫胶是一种无味、无毒、无腐蚀、无残留的不透明状黏稠体。在常温条件下，黏性很强，不溶于水、抗紫外线，耐酸、碱腐蚀，不怕日晒、雨淋、风吹。因此，使用粘虫胶涂抹在樱桃树枝干上，可粘杀和阻隔草履蚧、山楂叶螨、黑蚱蝉等上树危害。粘虫板：由于不同害虫对颜色的趋性不同，常把粘虫胶涂布在塑料色板上诱杀害虫的成虫，例如，黄色粘虫板桃一点叶蝉，蓝色粘虫板诱杀绿盲蝽和叶蝉，黑色粘虫板诱杀果蝇。但是，一些天敌昆虫的成虫（草蛉、寄生蜂、食蚜蝇）对一些颜色也有很强的趋性，往往被色板误杀。

（3）诱捕器。诱捕器就是用来引诱和捕杀害虫的器具。形状多种多样，常见的有水盆式、瓶罐式、船式、单层漏斗式、多层漏斗式、三角式等，不同害虫选用不同类型的诱捕器。如蛾类害虫多选用水盆式和三角式，金龟子多选用多层漏斗式，果蝇适合使用瓶罐式诱捕器。诱捕器常和性诱剂和食诱剂一起使用。

（4）果袋。果袋是指套在果实上保护其免受病虫侵害、农药污染、提高果面着色和光洁度的袋子，有塑膜袋、纸袋、无纺布袋等。通常情况下，樱桃是不用套袋的，但是在樱桃果蝇发生区，果实套纸袋可以防止果蝇危害，同时，可以提高果面光洁度、延迟成熟。

（5）防虫网和防鸟网。防虫网和防鸟网是由乙烯丝编织而成的纱网，只是两者的网眼大小不同。防虫网通过覆盖在棚架上构建人工隔离屏障，将外界害虫拦之网外，保护网内植物免收侵害，有效控制各类果树害虫，如椿象、卷叶蛾、棉铃虫、金龟子、天牛、蚜虫、叶蝉等。防鸟网网眼较大，只能阻隔鸟而不能阻挡昆虫。

（6）性诱芯和迷向丝。性诱芯是把性诱剂吸附在橡胶内制作而成，放置田间缓慢释放。根据昆虫交配前通过释放性信息素吸引异性的原理，人工模拟昆虫雌虫性信息素而合成性诱剂，以吸引田间同种昆虫的雄性成虫将其诱杀和迷向，使雌雄成虫失去交配的机会，不能有效地繁殖后代，减低后代种群数量而达到防治害虫的目的。性诱剂专一性强，不会伤害天敌昆虫。目前，国内外已经研制出多种果树害虫的性诱芯，如桃小食心虫、梨小食心虫、苹果蠹蛾、苹小卷叶蛾、金纹细蛾、桃潜叶蛾、桃蛀螟、暗黑鳃金龟等害虫的性诱剂，并产业化用于果园防治害虫。

迷向丝是把高浓度的性诱剂吸附在橡胶丝内，放置在田间，迷惑雄性害虫，导致害虫不能找到异性进行交配，无法繁殖后代。梨小食心虫迷向丝在生产上使用后，防治梨小食心虫效果显著。

性诱剂易挥发，购买后需要密封存放在冰箱内（－15～5℃）。使用前取出、打开包装袋，把诱芯安装在诱捕器或粘虫板上使用。由于性诱剂的高度敏感性，安装不同种害虫的诱芯，更换时需要洗手，以免污染而影响药效。根据每种性诱芯的有效期，及时更换，一般情况下20～30天更换1次。

（7）食诱剂。食诱剂是根据昆虫对食物的嗜好特点而配制的引诱剂。具有见效快、成本低、无残留、使用方便等优点，与化学农药混合后诱使害虫取食中毒死亡，也可装入诱捕器内诱杀害虫。最早使用的糖醋液就属于食诱剂，该剂比较广谱，对许多害虫有效。目前，人们根据不同害虫的取食习性，研究出对应的专用食诱剂，如樱桃果蝇食诱剂。

3. 樱桃园常用农药　目前，国家在樱桃树上登记的农药产品很少，不能满足生产使用。为了保证樱桃生产，本书根据国内在苹果、梨、葡萄等大宗果树上的登记产品，结合樱桃病虫防治需要，筛选了一些主要农药品种，供樱桃种植者选用（樱桃园常用农药见表6-1）。使用前请仔细阅读产品使用说明书，关注使用安全间隔期。为了保证对病虫高效、对果树安全无药害，最好先小面积试用，然后再大面积使用。

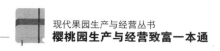

表 6-1　樱桃园常用农药一览表

药剂类别	通用名称	防治对象	毒性	注意事项
杀菌剂	石硫合剂	炭疽病、腐烂病、叶螨	中毒	气温高于 32℃ 或低于 4℃时有药害
	中生菌素	炭疽病、褐斑病、细菌性穿孔病	低毒	不可与碱性农药混用
	噻枯唑	细菌性穿孔病、溃疡病	低毒	严禁孕妇接触本药剂
	多抗霉素	褐斑病、流胶病、灰霉病	低毒	不能与酸性或碱性农药混用
	代森锰锌	褐斑病、穿孔病、褐腐病	低毒	不能与碱性、铜制剂类农药或肥料混合使用
	甲基硫菌灵	褐斑病、真菌穿孔病、褐腐病、根腐病	低毒	不能与碱性药剂、波尔多液等铜制剂混用
	多菌灵	褐斑病、褐腐病、褐斑穿孔病	低毒	不能与强碱性农药及铜制剂混用
	戊唑醇	褐斑病、穿孔病、炭疽病	低毒	对鱼有害，使用时不得污染水源
	腈苯唑	褐斑病、穿孔病、褐腐病	低毒	对鱼类和无脊椎动物有毒
	异菌脲	褐斑病、穿孔病、褐腐病、灰霉病	低毒	无内吸和渗透性，喷雾应力求均匀、周到
	腐霉利	灰霉病、褐腐病	低毒	不能与碱性、有机磷药剂混用
	醚菌酯	炭疽病、褐斑病、褐斑穿孔病	低毒	一年使用次数不要超过 3 次
	氟啶胺	腐烂病、灰霉病、炭疽病、疮痂病、根腐病	低毒	对眼睛、皮肤有轻度刺激性，施药后立即清洗裸露皮肤
	吗胍·乙酸铜	病毒病	低毒	不能与碱性农药混用

（续）

药剂类别	通用名称	防治对象	毒性	注意事项
杀虫、杀螨剂	机油乳剂	介壳虫、叶螨	低毒	高温季节不宜使用
	甲氨基阿维菌素苯甲酸盐	害螨、叶蝉、梨小食心虫、果蝇	低毒	每年用1～2次，避免产生抗药性
	多杀霉素	果蝇	低毒	对鱼或其他水生生物有毒，应避免污染水源和池塘等
	乙基多杀菌素	果蝇	低毒	禁止在花期喷洒该药剂，以免伤害传粉昆虫
	白僵菌	蛴螬、樱桃实蜂、舟形毛虫	低毒	处理土壤，不适宜在养蚕区和桑田使用
	昆虫病原线虫	蛴螬、樱桃实蜂	无毒	昆虫病原线虫属活体，应注意低温保存，施用于土壤内
	灭幼脲	梨小食心虫、卷叶蛾、毛虫、刺蛾	低毒	在幼虫低龄期或卵孵化期施药，不可在桑园和养蚕场所使用
	杀铃脲	梨小食心虫、卷叶蛾、毛虫、刺蛾	低毒	在幼虫低龄期或卵孵化期施药，不可在桑园和养蚕场所使用
	吡虫啉	樱桃黑瘤蚜、各种介壳虫、叶蝉、绿盲蝽、梨网蝽	低毒	每年用1～2次，避免产生抗药性。禁止花期喷洒使用
	氟啶虫胺腈	樱桃黑瘤蚜、各种介壳虫、叶蝉、绿盲蝽、梨网蝽	低毒	每年用1～2次，避免产生抗药性。禁止花期喷洒使用
	螺虫乙酯	樱桃黑瘤蚜、各种介壳虫、叶蝉、绿盲蝽、梨网蝽	低毒	每年用1～2次，避免产生抗药性。禁止花期喷洒使用
	高效氯氰菊酯	叶蝉、梨小食心虫、卷叶蛾、刺蛾、毛虫、介壳虫、各种椿象	低毒	每年用1～2次，避免产生抗药性。禁止花期喷洒使用

（续）

药剂类别	通用名称	防治对象	毒性	注意事项
杀虫、杀螨剂	溴氰菊酯	叶蝉、梨小食心虫、卷叶蛾、刺蛾、毛虫、介壳虫、各种椿象	低毒	每年用1～2次，避免产生抗药性。禁止花期喷洒使用
	高效氟氯氰菊酯	叶蝉、梨小食心虫、卷叶蛾、刺蛾、毛虫、介壳虫、各种椿象	低毒	每年用1～2次，避免产生抗药性。禁止花期喷洒使用
	氯虫苯甲酰胺	梨小食心虫、卷叶蛾、刺蛾、毛虫	微毒	卵孵化期喷洒，每年1～2次，避免产生抗药性
	哒螨灵	山楂叶螨、二斑叶螨、跗线螨	中毒	对蜜蜂有害，禁止在果树花期使用。1年使用1次
	噻螨酮	山楂叶螨、二斑叶螨、跗线螨	低毒	在害螨发生初期喷洒使用，每年使用1次
	螺螨酯	山楂叶螨、二斑叶螨、跗线螨	低毒	在害螨发生初期喷洒使用，每年使用1次

4. 禁止使用的农药　为了做好安全科学用药，防止农药污染和中毒，国家禁止使用高毒、长残留化学农药，主要品种如下：六六六、滴滴涕、毒杀芬、二溴氯丙烷、杀虫脒、二溴乙烷、除草醚、艾氏剂、狄氏剂、汞制剂、砷类、铅类、敌枯双、氟乙酰胺、甘氟、毒鼠强、氟乙酸钠、毒鼠硅、甲胺磷、甲基对硫磷、对硫磷、久效磷、磷胺、苯线磷、地虫硫磷、甲基硫环磷、磷化钙、磷化镁、磷化锌、硫线磷、蝇毒磷、治螟磷、特丁硫磷、氯磺隆、福美胂、福美甲胂、胺苯磺隆单剂、甲磺隆单剂、百草枯、胺苯磺隆、甲磺隆；三氯杀螨醇自2018年10月1日起，全面禁止销售、使用。

2017年，新的《农药管理条例》第三十三至三十五条规定，农药使用者应当遵守国家有关农药安全、合理使用制度，妥善保管农药，并在配药、用药过程中采取必要的防护措施，避免发生农药使用事故。农药使用者应当严格按照农药的标签标注的使用范围、使用方法和剂量、使用技术要求和注意事项使用农药，不得扩大使用范围、加大用药剂量或者改变使用方法。农药使用者不得使用禁用的农药。标签标注安全间隔期的农药，在农产品收获前应当按照安全间隔期的要求停止使用。剧毒、高毒农药不得用于防治卫生害虫，不得用于蔬菜、瓜果、茶叶、菌类、中药材的生产，不得用于水生植物的病虫害防治。农药使用者应当保护环境，保护有益生物和珍稀物种，不得在饮用水水源保护区、河道内丢弃农药、农药包装物或者清洗施药器械。严禁在饮用水水源保护区内使用农药，严禁使用农药毒鱼、虾、鸟、兽等。

二、主要病害的防控

1. 樱桃细菌性穿孔病

发病症状：樱桃细菌性穿孔病由黄单胞杆菌或假单胞杆菌致病引起。主要危害叶片和嫩梢，叶片染病后，初为水渍状小病斑，后发展为紫褐色至黑褐色、直径约2毫米的圆形或不规则形病斑。病斑周围有水渍状黄绿色晕环。随后病斑干枯，病健交界处产生一圈裂纹，脱落后形成小穿孔。春季发芽展叶期，枝梢被侵染，形成暗褐色水渍状小疱疹块，可引起枯梢。夏季枝梢被侵染，在嫩枝上产生水渍状紫褐色斑点，病斑多以皮孔为中心，圆形或椭圆形，中央稍凹陷，最后皮层纵裂、溃疡，病斑多时，可导致枝条枯死。

发病规律：病原细菌在枝条病组织溃疡病斑内越冬。第二年随气温升高，潜伏在病组织内的细菌开始活动。樱桃开花前后，细菌从病组织中溢出，借风雨或昆虫传播，经叶片的气孔、枝条的皮孔侵入。泰安地区叶片一般4月中下旬开始发病，生长季节可反复多次侵染，8～9月秋雨季节发病较为严重。温暖、多雾或降水频繁，适于病害发生。树势衰弱或排水不良、偏施氮肥的果园常发病重。

防治方法：加强樱桃栽培管理。增施有机肥，避免偏施氮肥。及时排水。合理修剪，使果园和树冠内通风透光，以降低湿度。发芽前喷5波美度石硫合剂、或1：1：100波尔多液，或50％福美锌可湿性粉剂100倍液。谢花后5～7天开始，每10～14天喷1次3％中生菌素3 000倍液，或70％代森锰锌可湿性粉剂600倍液，或70％福美双可湿性粉剂600倍液，或86.2％铜大师可湿性粉剂1 500倍液。

2. 樱桃褐斑病

发病症状：主要危害樱桃叶片。发病初期，叶片表面出现针头大小的紫色斑点，以后扩大成为圆形褐色病斑。潮湿条件下，病斑上产生黑色小点粒，病斑干缩后穿孔。后期在病斑周围形成绿色斑驳，最后在叶柄着生处产生离层，导致叶片提前大量脱落。

发病规律：该病菌在病落叶上越冬。樱桃展叶后，病菌产生分生孢子侵染叶片，5～6月开始发病，8～9月为发病高峰期，引起早期落叶，影响花芽形成和翌年产量。发病程度与树势强弱、降水量及樱桃品种等因素有关。果园密闭湿度大时易发病。不同品种抗病性不同，甜樱桃易感病，酸樱桃抗病。

防治方法：加强栽培管理，增强树体的抗病能力。越冬休眠期间，结合冬剪剪除病枝，彻底清理果园，扫除落叶，集中起来深埋或投入沼气池。发病初期，用25％戊唑醇可湿性粉剂3 000倍或80％代森锰锌可湿性粉剂600～800倍液均匀喷洒树冠，间隔20天左右喷洒1次，连续喷施3～4次，可有效控制大樱桃褐斑病。

3. 樱桃叶斑病

发病症状：该病主要危害叶片，也危害叶柄和果实。叶片发病初期，在叶片正面叶脉间产生紫色或褐色的坏死斑点，同时，在斑点的背面形成粉红色霉状物，后期随着病斑的扩大，多个斑连接在一起，致使叶片枯落。有时叶片也形成穿孔，造成叶片早期脱落。

发病规律：病菌在病落叶内越冬，樱桃谢花后病菌产生分生孢子，通过雨水和气流传播。露地栽培 5 月开始发病，7～8 月高温、多雨季节发病严重。

防治方法：加强栽培管理，增强树势，提高树体抗病能力；清除园内病枝、病叶，集中烧毁或深埋；发芽前喷 3～5 波美度石硫合剂；谢花后至采果前，喷 1～2 次 70％代森锰锌 600 倍液，或 75％百菌清 500～600 倍液，或大生 M‑45 可湿性粉剂 800 倍液等。

4. 樱桃褐腐病

发病症状：主要危害花、叶、幼枝和幼嫩的果实，以果实受害最重。花受害易变褐枯萎，天气潮湿时，花受害部位表面丛生灰霉，天气干燥时，则花变褐萎垂干枯。果梗、新梢被害形成长圆形、凹陷、灰褐色溃疡斑，病斑边沿紫褐色，常发生流胶，当病斑扩展环绕一周时，上部枝条枯死。果实受害，从落花后 10 天幼果开始发病，果面上形成浅褐色小斑点，逐渐扩展为黑褐色病斑，幼果不软腐；成熟果发病，初期在果面产生浅褐色小斑点，迅速扩大，引起全果软腐，表面产生灰褐色茸球状霉层，呈同心轮纹状排列。病果有的脱落，有的失水干缩成僵果挂在树上。

发病规律：病菌主要以菌核在病果和病梢上越冬。翌年 4 月，从菌核上生出子囊盘，形成子囊孢子，进行广泛传播。落花后遇雨或果园湿度大易发病。

防治方法：冬季修剪时，彻底剪除病枝、病果，集中烧毁。合理修剪，使树冠具有良好的通风透光条件。樱桃树发芽前喷洒 3～5 波美度石硫合剂。初花期和落花后各喷 1 次 50％速克灵可

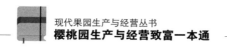

湿性粉剂 1 000 倍液或 70％甲基硫菌灵可湿性粉剂 1 000 倍液。采果前 1 个月，喷洒 50％多菌灵可湿性粉剂 500 倍液。

5. 樱桃灰霉病

发病症状：樱桃灰霉病主要在北方设施栽培和南方樱桃园发生，露地栽培樱桃发生较轻。主要危害果柄、果实、叶片。幼果受害初期呈暗褐色水渍状，病组织软腐，表面生灰白色霉层，即分生孢子。果柄被病菌侵染后也形成灰霉，病斑处易折断，导致落果。果实在近成熟期发病，果面先出现淡褐色凹陷病斑，病斑很快蔓延全果，导致果实腐烂。对于出现裂口的果实，病菌从伤口处直接侵入，导致裂口处霉变，致使果实失去商品性或腐烂。叶片感病后产生不规则的褐色病斑，有的病斑上有不规则状轮纹。

发病规律：该病是一种真菌性病害。病原菌以菌丝体、菌核及分生孢子梗随病残组织在土壤中越冬。樱桃展叶后病菌随水滴、雾滴和各种农事操作传播，通过伤口及幼嫩组织皮孔侵入。在北方大棚内一般有两次发病高峰，分别为落花后、果实着色至成熟期。适宜发病的温度 20～22℃，空气相对湿度在 85％以上。因此，湿度大、光照弱、通风差易引起灰霉病发生严重。大棚樱桃谢花期，花瓣不能及时脱落或落在叶片上，也容易诱发灰霉病发生。南方梅雨季节，非常适合大樱桃发生灰霉病。

防治方法：加强田间管理，合理灌水与通风，严格控制棚内温湿度（如选用无滴膜、地膜覆盖土壤、膜下灌水、及时放风等），把空气相对湿度控制在 80％以下，避免叶面结露，可有效抑制灰霉病的发生和流行。南方樱桃采取避雨栽培。樱桃落花期及时敲落花瓣、花萼，发病初期摘除病叶、病果，撤棚后彻底清除病残体，集中烧毁或深埋。扣棚前结合整地土壤喷洒 50％异菌脲可湿性粉剂 1 000 倍液进行消毒；花前 1 周喷 45％噻菌灵悬浮剂 3 000 倍液；落花后及时喷布 40％嘧霉胺悬浮剂 1 000 倍液或 50％腐霉利可湿性粉剂 1 200 倍液，隔 7～10 天再喷 1 次，可基本控制该病。

6. 樱桃炭疽病

发病症状：樱桃炭疽病是真菌侵染所致，主要危害叶片、新梢和果实。叶片发病初期病斑为茶褐色，后变为中央灰白色的圆形病斑。果实被害后，幼果病斑呈暗褐色，果实萎缩硬化，停止膨大；近成熟期果实发病，病斑呈茶褐色凹陷，以后病斑上出现黏性橙黄色孢子堆；新梢发病时出现茶褐色凹陷斑，潮湿时病斑上出现黏性橙黄色孢子堆。晚熟樱桃品种，果实成熟前 7～10 天发病较重；早熟品种发病较轻。

发病规律：病菌以菌丝体或分生孢子器，在枝梢、落叶、果实的病组织内越冬。春天发芽展叶后遇雨产生大量分生孢子，借风雨和昆虫传播。最早 5 月即可侵染发病，7～8 月为侵染及发病盛期。发病的早晚和轻重，取决于当地降雨时间的早晚和阴雨天持续的长短。降水量多或阴雨连绵，田间空气的相对湿度大发病就严重。

防治方法：田间发现病果，及时摘除后集中深埋。秋冬季节，清扫园内落叶、剪除病枯枝，结合施土杂肥埋入地下，以减少病菌来源。谢花后 5～7 天开始，每 10～14 天喷 1 次 70％甲基硫菌灵可湿性粉剂 800 倍液，或 50％多菌灵可湿性粉剂 700 倍液，或 70％代森锰锌可湿性粉剂 600 倍液，或 72％福美锌可湿性粉剂 500 倍液。

7. 樱桃流胶病

发病症状：发病部位主要在枝干伤口处，枝杈表皮组织分泌出树胶。春季发生，流胶部位略肿大，皮层及木质部变褐腐朽，易感染其他病害，导致树势衰弱，严重时枝干枯死。

发病规律：该病主要由枝干病害（腐烂病、干腐病、穿孔病等）、虫害（天牛、吉丁虫、黑蚱蝉、梨小食心虫等）和机械损伤、修剪过度造成伤口引起发病流胶；另外，由于自然条件冻害、日灼使部分树皮死亡引起流胶；再者由于土壤黏重、排水不良或施肥不当等诱发流胶病。

防治方法：避免在黏性土壤地建园，采取起垄栽培，多施有机肥疏松土壤。浇水后要及时中耕、松土，改善土壤通气状况。田间管理时尽量减少伤口，修剪时不能大锯大砍，避免拉枝形成裂口；修剪后立即涂抹伤口愈合剂，防治病菌侵染伤口引起流胶。搞好虫害防治以减少虫伤；秋季枝干涂白，以防止冻害和日灼。对已发病的枝干应及时彻底刮净流胶，伤口用生石灰 10 份、石硫合剂 1 份、食盐 2 份、植物油 0.3 份兑水调成糊状涂抹，或用波尔多液涂抹伤口。

8. 樱桃干腐病

发病症状：多发生在主干及主枝上。发病初期病斑呈暗褐色，不规则，病皮坚硬，常渗出茶褐色黏液，病部仅限于皮层，衰老树上也可深达木质部。随着病情发展，病斑逐渐干枯、凹陷，呈黑褐色，表面生有许多小黑点，病健部位出现裂缝。严重时引起整枝或全株死亡。

发病规律：病菌在枝干的病组织内越冬，春季气温升高后，病菌产生的分生孢子借风雨传播，通过伤口、皮孔侵入，待温暖、多雨时发病。该病菌属于弱寄生菌，树势弱时发病重，树龄较大、管理粗放时，也容易发病。该病害在 5～10 月均有发生。

防治方法：加强肥水管理，增强树势，提高树体抗病能力。然后注意保护树体，减少和避免机械伤口、冻伤和虫伤，控制病菌侵入。发芽前喷洒 5 波美度石硫合剂，预防病害发生。发病后，及时彻底刮除病斑，用 5 波美度石硫合剂涂抹伤口消毒，并把刮下的病组织清理干净后烧毁。

9. 樱桃根癌病

发病症状：该病害主要发生在樱桃树根颈与主根处，有时也发生在侧根上。典型症状是在根上形成大小不一、形状不规则的肿瘤。发病初期，根瘤表面光滑呈白色，后瘤体迅速增大变成深褐色，质地坚硬，表面粗糙不平，呈菜花状。大樱桃感染此病后，轻者树体生长缓慢、树势衰弱、结果能力下降，重者最后衰弱死亡。

发病规律：根癌病细菌是一种土壤习居菌，在土壤内未分解的病残体中可存活2～3年。主要靠雨水和灌溉水传播，另外地下害虫、修剪工具、病残组织及污染有病菌的土壤也可传病，带菌苗木和接穗是远距离传播的重要途径。病菌通过伤口侵入，修剪、嫁接、扦插、虫害、冻害或人为造成伤口，病菌都能侵入。发病条件与温度、湿度和降水等有关，冻害与发病关系密切，受冻害重的樱桃病害也严重。田间温度18～26℃，降雨多，田间湿度大，病害扩展快，病情严重。樱桃育苗和栽植重茬，会导致根癌病严重发生。

防治方法：由于根癌病在地下发生危害，用药防治比较困难，因此防治根癌病主要以预防为主。选用抗病砧木和无病虫苗木，苗木栽植前，用K84生物杀菌剂30倍液蘸根消毒。田间樱桃树发病后，挖开根系，彻底清除癌瘤，用K84药液涂抹根系，并在周围浇灌一些K84药液。刮下的癌瘤组织，要及时清理干净、集中烧毁。

10. 樱桃病毒病

樱桃病毒病由植物病毒寄生引起的病害。病毒是比真菌和细菌小得多的另一类微生物，本类微生物只有在电子显微镜下才能看到，对樱桃树的危害不亚于真菌和细菌，严重影响樱桃产量和品质。病毒病一般可造成果品减产20%～30%，严重时可导致整个果园毁灭。据国外报道，樱属病毒病主要有68种，其中，侵染大樱桃的病毒约34种，较常见的侵染大樱桃的病毒有20种。我国现已报道4种病毒，分别是李属坏死环斑病毒（PNRSV）、李矮缩病毒（PDV）、苹果褪绿叶斑病毒（ACLSV）和樱桃锉叶病毒（CRLV），目前，在国内樱桃产区普遍发生。

（1）李属坏死环斑病毒（PNRSV）。该病主要危害欧洲大樱桃、酸樱桃、桃、苹果、杏和洋李等李属和蔷薇属植物，还侵染烟草、西瓜、菜豆、豌豆、草木犀、莴苣、向日葵等草本植物。可以引起樱桃坏死环斑病和皱缩花叶病，其症状因病毒株系、寄主品种的感病性及环境条件有关。常见症状包括线纹、坏死环斑、碎叶、带状叶、粗花叶甚至全株枯死，出现症状的叶片呈破碎状，部分会坏死和脱落，伴随着这些症状有时还会产生耳突。病毒可通过机械、种子、花粉、线虫等多种途径传播，也可以通过受侵染的苗木和接穗调运进行远距离传播。

（2）李矮缩病毒（PDV）。该病主要分布于欧洲、南美洲、北美洲、日本、澳大利亚和新西兰等温带李属果树栽培地区。可侵染杏、大樱桃、洋李、桃、灌木樱、圆叶樱桃、樱花、梨等大部分李属及梨属植物。PDV 常常引起樱桃黄花叶病、樱桃褪绿环斑病，造成樱桃树发育不良、叶片畸形、褪绿环斑、坏死斑和黄化花叶等症状。在苗圃中可显著降低嫁接成活率，使樱桃树势衰落。主要通过嫁接、种子、花粉传播。

（3）苹果褪绿叶斑病毒（ACLSV）。该病主要侵染苹果、欧洲大樱桃、洋李、桃、加拿大唐棣、木瓜、山楂、李、西洋梨、葡萄等 8 个属 19 种植物。ACLSV 在我国各果园发生普遍，单独或与其他病毒复合感染果树造成果树衰退病，果树的苗木及高接后大树的根、新梢、叶、花、果均表现症状。PNRSV 和 ACLSV 复合侵染会引樱桃坏死线纹病，在叶片上出现带状的褪绿斑最终坏死。ACLSV 可以经操作工具和机械、接穗、种子传播。

（4）樱桃锉叶病毒（CRLV）。叶片发病症状主要表现为叶缘皱缩，有严重的缺刻现象，叶形极不规则。发病严重的树体表现出小叶、节间缩短、失绿黄化、叶脉白化、果实小等。在中国樱桃实生砧的甜樱桃树的衰弱症状枝干上，韧皮部和形成层发生褐变，短枝很快枯死，大枝逐步死亡，最后整株枯死。该病毒主要通过苗木、接穗、花粉、昆虫、线虫等传播。

发病规律：病毒在樱桃树体维管束中随营养流动方向而迅速

转移，使树体周身发病，属于系统性侵染病害。系统侵染是病毒病特有的现象，只要病毒侵染树体的某一部位，迟早会扩展到全树，致使果树全株带毒。若从带毒树上剪取接穗嫁接繁育苗木或高接换头，均可导致苗木带病毒，被嫁接树感染病毒病。樱桃树感染病毒后，病毒在树体内增殖并扩散到全树，树体却不立即出现病症，具有一定的潜伏期，待树势衰弱时才表现发病症状。这也使樱桃病毒病日益迅速蔓延，引起严重危害的主要原因。凡是田间病虫害发生数量多、肥水条件差、管理粗放、过度使用生长抑制剂的树体，病毒病就发生率高、受害严重。

防治方法：目前，国际上防治病毒病的药剂极少。樱桃树一旦感染病毒则不能治愈，最好做好预防，阻碍樱桃病毒病发生。建园时栽植无病毒苗木。田间发现病株要铲除，以免传染周围附近樱桃树。关注周围中间寄主发病，一旦发生要尽快刨除。樱花是樱桃小果病毒的中间寄主，在甜樱桃栽培区尽量不要种植樱花。

育苗时，要从无病毒症状、生长健壮的树上采取接穗或种子繁育苗木。严禁用带病毒的砧木和接穗来嫁接繁殖苗木，防止嫁接传毒。尽量通过组织培养、利用无性扦插繁殖手段，繁殖脱毒良种砧木。同时，不要用带毒树上的花粉来进行授粉。

注意修剪和管理操作，使用后及时对工具进行消毒（用火烧或肥皂水浸泡），避免工具和器械传毒。

及时防治传毒的昆虫、线虫等，如粉蚧、叶螨、各类线虫等。

目前，尚无很有效的病毒防治药剂，但发病前后喷洒抗病毒制剂，可减轻发病程度。通过试验发现，樱桃树在发芽期喷洒防病毒剂盐酸吗啉胍与叶面肥甲壳素两次，可减轻发病指数，提高樱桃坐果率。同时，对于过度使用生长抑制剂的樱桃树，停止施用多效唑和PBO可逐渐恢复树体长势，减轻病毒病的发生。

三、主要虫害的防控

1. 樱桃果蝇　　目前，在我国危害樱桃的果蝇主要有 3 种，即黑腹果蝇、斑翅果蝇（铃木氏果蝇）、海德氏果蝇，但以黑腹果蝇和斑翅果蝇为主。它们均以蛆状幼虫钻蛀危害樱桃果实，被害果面上有针尖大小的虫眼（蛀果孔），虫眼处果面稍凹陷，色较深，果内有虫粪，造成受害果软化，表皮呈水渍状，果肉变褐，腐烂。特别是在果实近成熟期危害最重，果蝇产卵于果皮下，早期不易被人发现，常会随销售果进入市场或进行远距离传播，在货架期和出售期发育成幼虫，被消费者发现而引起恐慌，导致大量樱桃难于出售。樱桃果蝇除危害樱桃外，还危害蓝莓、桃、李、杨梅、葡萄等多种水果的果实。

形态特征：果蝇类的幼虫均为白色蛆，不同果蝇之间很难从幼虫上区分，但成虫形态有很大区别。斑翅果蝇成虫体长 2.6～2.8 毫米，体色近黄褐色或红棕色，腹节背面有不间断黑色条带，腹末具黑色环纹。雄虫前足第一、二跗节均具性梳，膜翅脉端部具一黑斑，雌虫无此特征，雌虫产卵器黑色、硬化有光泽，突起坚硬，齿状或锯齿状。黑腹果蝇雌性体长 2.5 毫米，雄性较之要小。雄性腹部有黑斑，前肢有性梳，而雌性成虫没有。

发生规律：黑腹果蝇 1 年发生 10 余代，斑翅果蝇自北向南 1 年发生 3～10 代。两者均以蛹在土壤内 1～3 厘米处越冬，有的在果品库、商场、家庭内越冬。翌年春季气温 15℃左右，地温 5℃时越冬蛹开始羽化为成虫；当气温稳定在 20℃左右，地温 15℃虫量增大，恰逢樱桃各品种陆续进入成熟期，故成虫开始在樱桃果实上产卵，6 月上中旬为产卵盛期和危害盛期。成虫将卵产在樱桃果皮下，卵期很短，孵化后的幼虫由外向里蛀食果实，一粒果实上往往有多头果蝇危害，果实逐渐软化、变褐、腐烂。幼虫期 5～6 天，老熟后脱果落地化蛹。蛹羽化为成虫继续产卵繁殖下一代，田间出现世代重叠现象。樱桃采收后，果蝇便转向相继成熟的桃、李、蓝莓、葡萄等成熟果实或烂果实。9月下旬后，随气温下降，北方樱桃果蝇成虫数量逐渐减少，10月下旬至11月初成虫在田间消失，以蛹进行越冬。

斑翅果蝇喜欢阴湿、凉爽环境下生存，高温、干燥均不利于该虫的发生。雌蝇的对樱桃的产卵嗜好是：成熟果实＞近成熟＞未成熟、晚熟品种＞早熟品种、深红色品种＞红色品种＞黄色品种。

防治方法：在樱桃果实膨大着色期，清除园内杂草和果园周边的腐烂垃圾，同时用10%氯氰菊酯乳油2 000～4 000倍液，对地面和周围的荒草坡喷雾处理，消灭其内潜藏和滋生的果蝇。及时捡拾干净园内外的落果、烂果，带出园外集中浸泡到浓食盐水里，灭杀果实内的卵和幼虫。在成虫发生期，用敌百虫：糖：醋：酒：清水，按1：5：10：10：20，配置成诱饵糖醋液，将装有糖醋液的塑料盆放于樱桃园树冠荫蔽处，高度1.5米左右，每亩放8～10盆。定期清除盆内成虫，及时补充糖醋液。同时，地面喷洒40%辛硫磷乳油800倍药液，压低虫口基数，减少发生量。樱桃采收后，先用4℃冷水冲洗，然后在1～4℃冷库放置4小时左右，既能起到保鲜作用，又能冻死果实内的蝇卵和初孵幼虫。果蝇发生严重时，树上喷洒多杀菌素和乙基多杀菌素药液，注意安全间隔期内禁止喷药。

2. 梨小食心虫 梨小食心虫又名东方蛀果蛾、桃折心虫，简称梨小，俗称打梢虫。可危害樱桃、桃、苹果、梨、枇杷、李、杏、沙果、山楂、枣、海棠等果树。在甜樱桃上主要以幼虫从新梢顶端第三至第七片叶的基部蛀入危害，并往下蛀食，3天后新梢逐渐萎蔫，最后梢端干枯，形成折心现象。当蛀食到硬化部分，又从梢中爬出，转移到其他新梢危害，蛀孔有虫粪排出。

形态特征：成虫身体暗褐或灰黑色，体长4.6～6.0毫米，触角丝状，前翅深灰褐色，前缘上有10组白色短斜纹，翅面中部有一个小白点，近外缘处约有 10 个小黑斑。老熟幼虫体长 10～13 毫米，淡红至桃红色，头部黄褐色，体表比较光滑。

发生规律：梨小食心虫 1 年发生 3～4 代，以老熟幼虫在树冠下的表土或树皮翘缝、树枝主干的分杈处及剪锯口的翘缝中结灰白色丝茧越冬。越冬幼虫于 4 月上旬化蛹，越冬代成虫一般出现在 4 月中旬至 6 月中旬。发生期很不整齐，田间世代交替现象严重。成虫白天静伏，傍晚或夜间产卵在樱桃嫩梢上。由于梨小食心虫有转移寄主的习性，因此在樱桃、桃、梨、苹果混栽的果园危害较为严重。

防治方法：秋季在树干上绑干草诱集越冬幼虫，冬季解下绑缚的草把集中园外烧毁。冬季休眠期，结合冬季修剪，刮掉主干和枝条上的越冬幼虫，减少翌年的虫口数量。生长期间及时摘除受害新梢，集中处理。成虫发生期，树上悬挂梨小食心虫性诱剂进行诱杀或迷向丝，干扰成虫交配。在成虫产卵期和卵孵化期，选用 25%灭幼脲悬浮剂 2 500 倍液、1%甲维盐乳油 5 000 倍液、38%氯虫苯甲酰胺 8 000～1 000 倍液、2.5%溴氰菊酯乳油 1 500～3 000 倍液均匀喷洒枝叶。

3. 桃红颈天牛　桃红颈天牛又名红颈天牛、铁炮虫、哈虫。主要危害樱桃、桃、杏、李、梅等核果类果树，是核果类果树的主要蛀干害虫。以幼虫在枝干韧皮部和木质部之间蛀食，在木质部内可向上或向下蛀食，造成树干中空。被蛀食虫道塞满粪便，并有大量粗锯末状粪便排出。造成树势衰弱和树皮死亡，并引发流胶病，甚至导致主枝死亡及整树死亡。

形态特征：成虫体长 26～37 毫米，黑色有光泽，前胸背面红色（所谓红颈），两侧缘各有 1 个刺状突起，背面有 4 个瘤突。触角丝状，蓝紫色。鞘翅翅面光滑，前基部比胸宽，后端部渐狭。老熟幼虫体长 40～50 毫米，乳白色或黄白色，体两侧密生黄棕色细毛，前胸较宽广，背板前半部横列 4 个黄褐色斑块。

发生规律：桃红颈天牛 2～3 年完成 1 代，以大小不同龄期的幼虫在树干蛀道内越冬。幼虫到 3 龄以后向木质部深层蛀食，并在其中渡过第二年冬季。老熟幼虫在木质部内以分泌物黏结粪便和木屑作茧化蛹。成虫白天活动，尤其中午前后更为活跃，可远距离飞行寻找配偶和产卵场所。一般多产卵于近地面 30 厘米处的树干树皮裂缝及粗糙部位，所以刚孵化的幼虫仅在皮层下蛀食危害，此时是挖除幼虫的有利时机。

防治方法：根据红颈天牛喜欢产卵于老树树皮裂缝及粗糙部位的习性，应加强树干管理，保持树干的光洁。果树生长季节，于田间查找新虫孔，用铁丝钩挖幼虫。夏季，用注射器把昆虫病原线虫灌注到蛀孔内，使幼虫感染线虫死亡。在离地面 1.5 米以下，特别是 30 厘米之内的主干或主枝上，在成虫出现高峰期开始用 40％辛硫磷乳油 800 倍液喷树干，10 天以后再喷 1 次，毒杀初孵化的幼虫。对蛀孔内较深的幼虫用磷化铝毒签塞入蛀孔内，或者用注射器向孔内注入 80％敌敌畏乳油 5～10 倍液，并用黄泥封严蛀孔。

4. 桑盾蚧 桑盾蚧又名桑白蚧、桑介壳虫、桃介壳虫、树虱子。主要危害樱桃、桃、李、杏等核果类果树。以雌成虫和若虫群集刺吸枝干汁液，造成枝条和树干凹凸不平，使树体营养缺失，树势衰弱。二至三年生枝条受害最重，严重时整个枝条被虫覆盖起来，远望枝条呈灰白色，甚至造成死枝死树。

形态特征：雌成虫呈宽卵圆形，体长 1.0～1.3 毫米，橙黄色或淡黄色，头部褐色三角状，体表覆盖灰白色近圆形蜡壳，壳长 2.0～2.5 毫米，背面隆起，壳点黄褐色。卵椭圆形，长 0.22～3 毫米，橙色或淡黄褐色。若虫扁椭圆形，长约 0.3 毫米，初孵时淡黄褐色，有触角和足，能爬行，无蜡壳。2 龄若虫的足消失，逐渐分化成雌雄虫，有蜡壳。

发生规律：由北向南，1 年发生 2～5 代，以受精雌成虫在被害枝干上越冬。当平均气温达到 10℃时，雌成虫开始刺吸汁液补充营养。4 月下旬至 5 月上旬雌成虫产卵于介壳下，若虫孵化后爬出，分散到枝条背面、枝杈、芽腋及叶柄处固定取食，虫体逐渐长大并形成介壳。10月出现末代成虫，雌、雄成虫交尾后，雄虫死去，留下受精的雌成虫在枝条上越冬。

防治方法：冬季休眠期，结合冬季修剪，刮掉主干和枝条上的越冬雌虫，减少翌年的虫口密度。发芽前，树上喷洒5波美度石硫合剂或99%机油乳剂50倍液＋3%啶虫脒乳油2 000倍液。桑白蚧卵孵化盛期喷施10%吡虫啉可湿性粉剂4 000倍液。黑缘红瓢虫是桑盾蚧的主要捕食天敌，应注意保护和利用。

5. 草履蚧 草履蚧（*Drosicha corpulenta* Kuwana）又名草履硕蚧、草鞋介壳虫，俗名大树虱子。可危害桃、樱桃、苹果、梨、柿、核桃、枣等多种果树，也危害多种林木。以雌成虫及若虫群集于枝干上吸食汁液，刺吸寄主的嫩芽和嫩枝，导致树势衰弱，发芽推迟，叶片变黄。

形态特征：雌成虫扁椭圆形，体长约10毫米，形似鞋底状，背面隆起，身体黄褐色至红褐色，外周淡黄色，触角鞭状，足黑色。若虫与雌成虫形态相似，但个体小，颜色稍深。

发生规律：草履蚧1年发生1代，以卵在树干基部附近的土壤中越冬。越冬卵大部分于翌年2月中旬至3月上旬孵化。樱桃树芽萌动期，初孵若虫开始上树危害。若虫上树多集中于上午10时至下午2时，顺树干向上爬至嫩枝、幼芽、叶片等处吸食危害，虫体较大后则在较粗的枝上危害。5月上旬出现成虫并进行交配，交配后的雌成虫仍继续停留在树上危害一段时间。6月上中旬，雌成虫开始下树入土，分泌卵囊产卵，以卵越夏和越冬。

防治方法：在树干上涂粘虫胶环。2月底在树干基部涂抹宽约10厘米的粘虫胶，隔10～15天涂抹1次，共涂2～3次。草履蚧发生严重的果园，从2月底至3月初开始，对果树的主干或主枝进行喷药，5～7天喷1次，连喷2～3次。药剂选用4.5%高效氯氰菊酯乳油2 000倍液。

6. 桃一点叶蝉 桃一点叶蝉又名小绿叶蝉、浮尘子。主要危害桃树、李、杏、樱桃、苹果、梨、葡萄等。以成虫、若虫群集在叶片背面刺吸汁液，被害叶片表现为叶面失绿，产生褪绿白色斑点，严重时斑点连接成片。影响叶片光合作用，导致树体营养不良，树势衰弱，叶片早落，严重影响樱桃产量和品质。

形态特征：成虫体长 3.0～3.3 毫米，全体淡黄、黄绿或暗绿色。头顶钝圆，顶端有一个黑点，其外围有一白色晕圈，故名桃一点叶蝉。前翅淡绿色半透明，翅脉黄绿色，后翅无色透明，翅脉淡黑色。老龄若虫体长 2.4～2.7 毫米，全体淡绿色，复眼紫黑色，翅芽绿色。

发生规律：以成虫在落叶、杂草、树皮缝内越冬。樱桃发芽时越冬成虫开始出蛰上树危害。大樱桃展叶期和采果后，虫口密度最大，危害也最重。如深秋气候温暖，温度偏高，世代重叠严重。

防治方法：秋季在树干上绑草绳诱集成虫潜藏越冬，冬季解下绑缚的草绳集中园外烧毁。清理树下枯枝落叶，集中深埋或烧毁。在成虫发生盛期，田间树上挂黄色、蓝色粘虫板诱杀成虫。萌芽期至展叶期、5月上中旬抽梢长叶期和7～9月采果后3个关键时期喷药防治，药剂可选用10％吡虫啉可湿性粉剂 4 000 倍液、2.5％溴氰菊酯乳油 2 500 倍液。

7. 绿盲蝽 绿盲蝽又名花叶虫、小臭虫等。近几年在大樱桃产区发生日趋严重，可危害大樱桃、枣、葡萄、苹果、石榴等果树，也危害棉花、蔬菜和杂草。以若虫、成虫刺吸幼芽、嫩叶和花果汁液，造成叶片穿孔，形成网状。幼果受害，被刺处果肉木栓化，发育停止，果实畸形，呈现锈斑或硬疔，失去经济价值。

形态特征：成虫体长 5 毫米，黄绿色，前翅半透明，暗灰色，触角丝状。若虫共 5 龄，初孵化时绿色，复眼桃红色。3 龄若虫出现翅芽。5 龄若虫全体鲜绿色，密被黑细毛，触角淡黄色，端部色渐深。

发生规律：1年发生3～5代，以卵在树下杂草、樱桃枝条上叶芽和花芽的鳞片内越冬。翌年发芽期冬卵孵化，幼若虫危害新芽、新梢和花果。绿盲蝽成、若虫活动敏捷，受惊后躲避迅速，不易被发现，并有趋嫩习性。4～5月，若虫羽化为成虫继续危害，此后迁往附近的棉花、马铃薯、花生、蔬菜及杂草上危害。10月中旬前后，在果园中或园边的杂草上发生的最后一代绿盲蝽成虫，迁回到果树上产卵越冬。

防治方法：结合冬季管理，及时清除田间、地边杂草，消灭越冬虫源和切断其食物链。大樱桃萌芽展叶期，树上喷洒10%吡虫啉可湿性粉剂4 000倍液＋4.5%高效氯氰菊酯2 000倍混合液，可有效防治绿盲蝽危害。

8. 樱桃瘿瘤头蚜　樱桃瘿瘤头蚜主要在春季发生，危害樱桃叶片。在叶片背面刺吸危害后，受害部位呈淡绿色或稍带粉红色，致使叶片边缘向正面突起，肿胀而形成伪虫瘿，到后期叶片被害处虫瘿变褐干枯。

发生规律：该蚜虫以卵在枝条上越冬。春季樱桃发芽后越冬卵孵化，若虫在芽上危害，待展叶后转移到叶背面危害，生长发育为成蚜。谢花后为发生危害盛期，新梢停止生长后，产生有翅蚜迁往杂草或农作物上危害。10月下旬产生有翅蚜迁回果树上，产生性蚜，交尾后产卵越冬。

防治方法：在发生初期，可选用10%的吡虫啉可湿性粉剂3 000～4 000倍液、3%啶虫脒乳油2 000倍液喷洒叶片。

9. 山楂叶螨　山楂叶螨俗名山楂红蜘蛛，可危害苹果、山楂、桃、梨、杏、樱桃、海棠、核桃、榛子等多种树木。以成、若螨群集叶片背面刺吸危害，主要集中在主脉两侧。叶片受害后，在叶片表面出现黄色失绿斑点，并逐渐扩大，叶片背面呈锈红色。在叶片背面有吐丝结网习性，受害严重时，叶片呈灰褐色焦枯以至脱落。

形态特征：雌成螨身体为红色，椭圆形，体长 0.5～0.7 毫米，背部隆起，背面着生 26 根背毛，分成 6 排，刚毛基部无瘤状突起。卵圆球形，橙黄或黄白色，表面光滑，有光泽。幼若螨体圆形至椭圆形，黄白色，取食后为淡绿色。

发生规律：1 年发生 5～10 代，以受精雌成螨在树冠下的表土或树皮裂缝、树枝主干的分杈处及剪锯口的裂缝中越冬。翌年在樱桃初花期，越冬雌成螨开始出蛰，出蛰后即转移到叶片上吸食汁液与产卵。6 月以后，随着气温升高繁殖速度加快，数量激增，出现世代重叠，即在麦收前后发生危害最重。10 月中旬以后，陆续进入越冬。

防治方法：秋季在树干上绑破布条或草绳，冬季解下绑缚物集中园外烧毁。清理枯枝落叶，土壤封冻前浅翻根茎周围土层，消灭越冬螨。果园内尽量不喷洒广谱性杀虫、杀螨剂，以减少对自然天敌伤害，有效利用叶螨的天敌瓢虫类、花蝽类、捕食螨类的发生，等对其害螨种群数量进行控制。在果树行间种草或适当留草，为天敌提供补充食料和栖息场所。也可直接购买捕食螨或塔六点蓟马，按照产品说明书进行释放。发芽前，树上喷洒机油乳剂，消灭越冬成螨。夏季发生初期，树上喷洒 5% 噻螨酮乳油 1 500 倍液或 24% 螺螨酯乳油 4 000 倍液。

10. 茶翅蝽 茶翅蝽又名臭木椿象、臭椿象、臭板虫、臭妮子、臭大姐。近年来危害果树日趋严重，食性很杂，可危害桃、杏、樱桃、苹果、梨、枣、石榴等多种果树，还危害多种林木和农作物。以成虫和若虫刺吸樱桃果实、叶片和嫩梢的汁液，果实受害呈凹凸不平，生长畸形，被害处木栓化变硬，不能食用。

形态特征：成虫身体茶褐色，扁椭圆形，体长约 15 毫米，宽约 8 毫米。前胸背板、小盾片和前翅革质上分布多个黑褐色刻点，前胸背板前缘横列 4 个黄褐色小点，小盾片基部横列 5 个小黄点，腹部两侧黄色斑点明显。触角黄褐色至褐色，第四节两端及第五节基部黄色。腹部有臭腺，受到惊扰后及分泌臭液自卫，臭味很浓。卵短圆筒形，直径 1 毫米左右，有假卵盖，卵壳表面光滑，初产卵灰白色，孵化前变成黑褐色，20～30 粒排成一块。初孵若虫头胸部深褐色，腹部黄白色；长大后变成黑褐色，腹部淡橙黄色，各腹节两侧节间有 1 长方形黑斑，共 8 对；老熟若虫与成虫相似，无翅，腹部背面有 6 个黄色斑点，触角和足上有黄白色环斑。

发生规律：1 年发生 1～2 代，以受精的雌成虫在果园内及附近建筑物的缝隙、土缝、石缝、树洞内越冬。翌年桃树萌芽时开始出蛰活动，上树危害嫩梢、花蕾和果实。6 月产卵于叶片背面，数个卵粒排成 1 块。6 月中下旬为卵孵化盛期，8 月中旬为第一代成虫发生盛期。第一代成虫可很快产卵，并发生第二代若虫。10 月以后成虫陆续进入越冬场所越冬。成虫和若虫受到惊扰或触动时，即分泌臭液，并迅速逃逸。越冬代成虫平均寿命为 301 天，最长可达 349 天。

防治方法：人工捕捉越冬成虫，田间摘除卵块进行消灭。卵孵化期和成若虫大发生时，树上喷洒 5% 高效氯氰菊酯乳油 1 500 倍液，连喷两次，便可取得较好的防治效果。茶翅蝽的天敌有很多，主要有寄生蜂、小花蝽、三突花蛛、螳蝽等。在卵期，田间释放可以人工繁殖平腹小蜂。

11. 梨网蝽 梨网蝽又名军配虫、梨花网蝽。可危害樱桃、梨、苹果、桃、李、花红、海棠等多种果树。以成虫和若虫在樱桃叶背面刺吸汁液，被害叶片正面出现苍白色斑点，背面布满褐色排泄物。受害严重时，叶片变成褐色并引起霉污，易造成叶片干枯脱落，危害下部叶片重于上部叶片。

形态特征：成虫体长 3.3～3.5 毫米，扁平，暗褐色，触角丝状，翅上布满网状纹。前胸背板隆起，向后延伸呈扁板状，两侧向外突出呈翼状。前翅折合后其上黑斑构成 X 形黑褐斑纹。若虫暗褐色，翅芽明显，外形似成虫，头、胸、腹部均有刺突。

发生规律：1年发生4～5代，以成虫在落叶、老翘皮下、枯草、土缝内越冬。樱桃展叶后，越冬成虫即出蛰，先在下部叶片危害，逐渐扩散到全株。越冬成虫产卵于叶背主脉两侧的叶肉内，若虫孵出后群集在叶背主脉两侧危害，2龄后渐次扩散到整个叶片背面。果实采收后的7～8月为发生危害盛期，10月中下旬，成虫开始寻找适宜场所越冬。

防治方法：9月在树干上绑草把或废果袋诱集越冬成虫，冬季解下集中园外烧毁。结合冬季修剪，彻底清扫落叶、枯枝、杂草，并耕翻树盘，破坏越冬场所。发生期，可结合防治叶蝉一起喷药防治，树上喷洒5％吡虫啉乳油2 000倍液或2.5％溴氰菊酯乳油2 000倍液等。注意药液均匀喷洒在叶片背面。

12. 苹小卷叶蛾 苹小卷叶蛾又名棉褐带卷蛾、远东苹果小卷叶蛾、茶小卷叶蛾、舔皮虫。可危害樱桃、苹果、桃、李、杏、海棠、柑橘、茶树。主要以幼虫危害叶片、果实，通过吐丝结网将叶片连在一起，造成卷叶，降低叶片光合作用。第一、二代幼虫除卷叶危害外，还常在叶与果、果与果相贴处啃食果皮，呈小坑洼状。

形态特征：成虫体长7～9毫米，全体黄褐色；前翅深褐色，斑纹褐色，翅面上有两条浓褐色不规则斜向条纹，自前缘向外缘伸出，外侧的一条较细，双翅合拢后呈V形斑纹，后翅淡黄褐色。卵扁椭圆形，长0.6～0.7毫米，数十粒排成鱼鳞状卵块。初孵幼虫墨绿色，然后变成黄绿色。老龄幼虫翠绿色，体长13～15毫米，头部及前胸背板淡黄褐色。

发生规律：该虫由北向南1年发生2～4代。以2龄幼虫在果树裂缝或翘皮下，及剪锯伤口等缝隙内和黏附在树枝上的枯叶下结白茧越冬。越冬幼虫于桃树发芽时出蛰，先在果树新梢、顶芽、嫩叶进行危害；幼虫稍大时将数个叶片用虫丝缠缀在一起，形成虫苞。当虫苞叶片被取食完毕或叶片老化后，幼虫转出虫苞，重新缀叶结苞为害。幼虫活泼，卷叶受惊动时，会爬出卷苞，吐丝下垂。老熟幼虫在卷叶苞或果叶贴合处化蛹。成虫羽化后白天很少活动，在树上遮阴处静伏，夜间取食交配产卵。喜欢产卵于较光滑的果面或叶片正面。成虫具有较强的趋化性和趋光性，对糖醋液和黑光灯趋性较强。

防治方法：春季发芽前，清除枝条上的残叶带出园外烧毁。生长期及时摘除虫苞，将幼虫和蛹捏死。成虫发生期，利用苹小卷叶蛾性诱芯诱杀成虫，每亩放置 5～7 个诱捕器。在越冬幼虫出蛰前后及第一代初孵幼虫阶段，喷洒生物农药苏云金杆菌乳剂（100 亿个芽孢/毫升）1 000 倍液；以后各代卵孵化盛期至卷叶以前，选用 14％氯虫·高氯氟微囊悬浮剂 3 000 倍液，或 25％灭幼脲悬浮剂 2 500 倍液，或 1％甲维盐乳油 5 000 倍液进行叶面喷雾。

13. 舟形毛虫 舟形毛虫又名苹果舟形毛虫、苹掌舟蛾，俗名秋黏虫。主要危害苹果、樱桃、桃、李、杏等果树。低龄幼虫群集叶片背面，将叶片食成半透明纱网状。高龄幼虫分散开蚕食叶片，仅剩叶脉和叶柄。虫量多时，可将全树叶片吃光。

形态特征：老熟幼虫体长约 50 毫米，头黑色有光泽，胸部背面紫褐色，腹面紫红色，体两侧各有黄色至橙黄色纵条纹 3 条，各体节上生有黄色长毛丛。幼虫静止时常头尾两端翘起似叶舟，故名舟形毛虫。

发生规律：舟形毛虫 1 年发生 1 代，以蛹在果树根部附近的土层内越冬。翌年 7 月上旬至 8 月上旬羽化为成虫，成虫白天隐蔽在树叶或杂草中，晚上活动交尾，有趋光性。成虫多产卵于叶片背面，几十粒排成 1 个卵块。初孵幼虫群集危害，头朝同一方向排列整齐，白天多静伏休息，早晚取食。幼虫受震动可吐丝下垂，之后沿吐丝爬回原来位置继续取食。幼虫期发生在 8～9 月，故又称为秋黏虫。9 月下旬至 10 月上旬，老熟幼虫入土化蛹越冬。

防治方法：由于该虫常聚集危害，田间发现幼虫，及时摘除灭杀。利用成虫的趋光性，可在 7、8 月成虫羽化期在樱桃园设置黑光灯诱杀。该虫的抗药能力较差，一般在防治卷叶蛾、梨小食心虫等害虫时喷药兼治。如果该虫数量较大时，再进行专门喷药防治，尽量在低龄幼虫期喷药，选用的杀虫剂有 20％氰戊菊酯乳油 2 000 倍液、2.5％溴氰菊酯乳油 2 000 倍液，可快速防治下去。对于有机和绿色果品生产园，可树上喷洒含活孢子 100亿/克的青虫菌粉 800 倍液，或苏云金杆菌乳剂（100 亿个芽孢/毫升）1 000 倍液。

14. 黄刺蛾 黄刺蛾俗名洋辣子、八角虫、八甲子。食性很杂，可危害苹果、樱桃、枣、桃、李、杏等多种果树，也危害多种林木和花卉。以幼虫危害叶片，初孵幼虫群集叶背取食叶肉，形成网状透明斑。幼虫长大后分散开取食叶片形成缺刻，5～6龄幼虫能将全叶吃光仅留叶脉。

形态特征：初孵幼虫体黄色，体表生有多个枝刺；老熟幼虫体呈长方形，黄绿色，体长 19～25 毫米，背面有一个哑铃形紫褐色大斑，各节有 4 个枝刺，以腹部第一节上的枝刺最大。蛹长13 毫米，椭圆形，黄褐色，表面有深褐色小齿，外包灰白色蛹茧。茧卵圆形，形状似麻雀蛋，茧壳坚硬，表面有灰白色不规则纵条纹。

发生规律：黄刺蛾 1 年发生 1～2 代，以老熟幼虫在枝条上结茧越冬。翌年樱桃展叶后，幼虫开始化蛹，羽化出的成虫产卵于叶片背面，卵排列成块状。成虫夜间活动，有趋光性。卵期7～10 天。初孵幼虫先吃卵壳，然后群集叶背啃食叶肉。长大后分散开蚕食全叶仅留叶脉。

防治方法：结合冬季修剪，用剪刀刺伤枝条上的越冬茧。幼虫发生期，田间发现后及时摘除带虫枝叶，人工灭杀幼虫。生长季节，发生数量少时，一般不需专门进行化学防治，可在防治其他害虫时兼治。如果发生数量大，树上喷洒杀虫剂同舟形毛虫。

15. 樱桃实蜂 樱桃实蜂主要寄生危害中国樱桃、甜樱桃。

该虫目前主要分布于四川、陕西、甘肃等省份的樱桃产区。以幼虫危害果实，在果内取食果核和果肉，果内充满虫粪，果顶变红，造成果实提前脱落，严重影响产量，甚至绝产。

形态特征：初孵幼虫头部深褐色，身体体白色透明；老熟幼虫身体弯曲，头部淡褐色，身体黄白色，体长 8.4～9.6 毫米，胸足发达，腹足不发达，体侧多皱纹和突起。

发生规律：樱桃实蜂 1 年发生 1 代，以老龄幼虫结茧在树下土壤内越夏和越冬。12 月中旬开始化蛹，翌年 3 月中下旬樱桃花期成虫羽化，羽化盛期为樱桃始花期。成虫早晚及阴雨天栖息于花冠上，中午交尾产卵，大多数的卵产在花萼表皮下，初孵幼虫从果顶蛀入，在果实内取食果核和果肉，蛀孔周围堆有少量虫粪并渐渐愈合为小黑点。随着虫体长大，果实内逐渐被食成空壳，致使果实在着色前大量脱落。5 月幼虫老熟后，从果柄附近咬一脱果孔钻出落地，进入浅层土壤内结茧滞育。

防治方法：幼果期至膨大期，及时摘除树上虫果和捡拾树下落果，集中起来装在黑塑料袋内，扎紧袋口，放置在阳光下曝晒 1 周，即可杀死果内幼虫。幼虫脱果期至 8 月上旬，用昆虫病原线虫悬浮液浇灌或喷洒樱桃园土壤 1～2 次，使其寄生樱桃实蜂老熟幼虫。樱桃初花期，树上喷洒 2.5% 高效氟氯氰菊酯乳油 2 000 倍液＋1.8% 阿维菌素乳油 3 000 倍液，3 天后再喷洒 1 次，可有效防治樱桃实蜂成虫和初孵幼虫。喷洒药剂会伤害蜜蜂，最好在傍晚喷药，避开蜜蜂活动期，保证蜜蜂在白天完成授粉。

16. 金缘吉丁虫　金缘吉丁虫又名梨金缘吉丁，翡翠吉丁虫，俗称串皮虫。危害樱桃、桃、杏、李、梨、苹果、山楂等多种果树。以幼虫蛀食枝干，多在主枝和主干上危害，虫道呈螺旋形，不规则，枝条被害处常有汁液渗出，虫道内堆满虫粪，虫道绕枝一周后上部即枯死。被害枝上常有扁圆形羽化孔。

形态特征：成虫体长 20 毫米，全体绿色有金属光泽，边缘为金红色，故称金缘吉丁虫。幼虫乳白色，扁平无足，体节明显。

发生规律：1～2 年完成 1 代，以大小不同龄期的幼虫在虫道内越冬。果树萌芽时开始继续危害，3～4 月化蛹，5～6 月发生成虫。成虫白天活动，有假死性，喜在弱树弱枝上产卵，散产于枝干树皮缝内和各种伤口附近。6 月上旬为孵化盛期，幼虫孵化后先蛀食嫩皮层，逐渐深入，最后在皮层和木质间蛀食危害。一般树势衰弱、土壤瘠薄、伤疤多的果园发生严重。

防治方法：果树发芽前，结合修剪，剪除虫枝，集中烧毁；或用铁丝沟杀蛀道内的幼虫。成虫盛发期，早晨振动树枝，捕杀成虫。加强栽培管理，合理肥水和负载，增强树势，避免造成伤口，减轻害虫发生。成虫产卵期，用 4.5％高效氯氰菊酯乳油或 20％氰戊菊酯乳油 2 000 倍液，或 40％辛硫磷乳油 1 000 倍液喷洒枝干。

四、设施樱桃病虫害绿色防控方案

1. 保护地樱桃病虫发生特点

（1）发生时间提前，危害期延长。通常情况下，露地大樱桃在 3 月下旬发芽。设施樱桃由于升温早，则在 1 月下旬至 2 月上旬发芽，提前了 60 天左右。因此，一些病虫的发生也随樱桃的物候期而提前，其中桑白蚧、细菌性穿孔病表现最明显，山东省露地桑白蚧 1 年发生 2 代，保护地则可发生 3 代。

（2）个别病虫害危害加重。在扣棚期间，由于湿度大、通风差，加上谢花后花瓣不能及时脱离果实，所以危害果实和叶片的灰霉病加重。同时，为了减少化学农药对传粉蜜蜂和壁蜂的伤害及农药对果实的污染，果实采收前一般不喷洒杀虫剂、杀菌剂，而且果实采收后，果农往往放松病虫害管理，造成夏秋季节桑白蚧、叶螨、小绿叶蝉和褐斑病发生加重。

2. 绿色防控方案

（1）覆膜前。整形修剪，剪除病枝、病叶，清扫园中杂草枯枝，集中烧毁。用钢丝球或硬塑料毛刷刮除枝干上的桑白蚧和其他介壳虫。树上喷布 3～5 波美度石硫合剂，以防治越冬介壳虫和叶螨，铲除树体上的病菌。

（2）覆膜后。

①发芽前。地面覆盖地膜，提高地温，降低棚内湿度。芽冒绿尖时，树上喷洒 10％吡虫啉 4 000～5 000 倍液＋防病毒剂＋甲壳素，防治绿盲蝽、小绿叶蝉、病毒病等。

②谢花期至成熟期。谢花时，人工摇晃树枝，促使花瓣及时脱落。及时合理通风，降低湿度，减少灰霉病和其他病害的发生。经常检查树体，发现病叶、病果、虫叶立即摘除，带出棚外集中深埋。发现枝干上出现木腐病子实体时，用刀切除干净，并在伤口处涂抹石硫合剂。查找枝干上有新虫粪的地方，用小刀挖除在皮层下危害的天牛、吉丁虫幼虫。

在灰霉病发生初期，用 50％腐霉利可湿性粉剂 1 000～1 500 倍液喷雾进行防治或利用腐霉利烟剂熏杀。在细菌性穿孔病发生初期，喷洒中生菌素可湿性粉剂 800 倍液进行防治。

（3）揭膜后。果实采收后，及时揭掉棚上和地面上覆盖的塑料薄膜。几天后，喷洒中生菌素＋螺螨酯＋吡虫啉，防治细菌性穿孔病病、叶螨、叶蝉和桑白蚧等。

防治枝干流胶病，把流出的胶块连同流胶眼切除，用石硫合剂或硫黄水拌黄泥糊上切口，此法可减轻流胶。

6～8 月，每间隔 20～30 天喷洒 1 遍药剂防治病虫害，以便保持枝叶生长和花芽分化。喷洒药剂如下：

第一次：70％甲基硫菌灵 600 倍液。

第二次：40％戊唑醇可湿性粉剂 1 500 倍液。

第三次：70％代森锰锌 600 倍液＋10％高效氯氰菊酯乳油 2 000～4 000 倍液。

同时，田间查找危害枝干的天牛、吉丁虫蛀孔，人工用铁丝钩杀蛀孔内的幼虫，或用昆虫病原线虫灌注防治。

五、露地樱桃病虫害绿色防控方案

1. 11 月上旬至翌年 3 月上旬（休眠期） 落叶后，结合冬季修剪，剪除病虫枝，剪后立即用药剂或油漆涂抹剪锯口；刷去枝干上的介壳虫。解下枝干上绑扎的诱虫带或草绳，彻底清扫枯枝落叶和杂草，并埋于树下作肥料或集中起来投入沼气池，以便消灭其中的越冬病虫。

2. 3 月中旬至 4 月初（萌芽期） 芽萌动前，全园树上喷布 1 次 5 波美度石硫合剂，消灭在树体上越冬的蚜虫、叶螨、介壳虫、病菌等。

芽萌动后期，树上喷洒机油乳剂 50 倍液＋3％啶虫脒乳油 1 000 倍＋80％代森锌可湿性粉剂 600 倍液，防治绿盲蝽、叶蝉、介壳虫、穿孔病、褐斑病等。

对新建的樱桃园，选择健壮、无病虫苗木，栽植前用 K84 菌液蘸根。栽好后树干上端套塑料袋，防止黑绒金龟子、象鼻虫等危害。

3. 4 中下旬至 5 月上旬（开花期至幼果期） 发芽后，加强对苹毛金龟子和黑绒金龟子发生情况监测。当发现虫量较多时，树上喷布 4％高效氯氰菊酯乳油 1 500 倍液，可兼治螨、蚜、叶蝉、介壳虫、卷叶虫等。如果虫量小就不要喷药，以免杀伤蜜蜂和天敌。喷药时间为下午 4 时以后。

谢花后，喷洒 1 遍中生菌素＋阿维菌素＋高效氯氰菊酯，防治细菌性穿孔病、叶螨、卷叶蛾、梨小食心虫、叶蝉、蚜类、介壳虫。7 天后再喷洒 1 次 80％大生 M-45 可湿性粉剂 800 倍液＋50％腐霉利可湿性粉剂 1 200 倍液，防治穿孔病、叶斑病、褐腐病、灰霉病等。

4. 6 月上中旬至 7 月初（大樱桃成熟期） 注意防治果蝇。果实着色前，田间悬挂糖醋液罐诱杀果蝇成虫，地面喷洒 40％

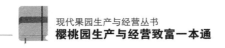
辛硫磷乳油 800 倍液；开始树上喷施纯植物性杀虫剂清源保（0.6％苦内酯）水剂 1 000 倍液 1 次，7 天后重喷 1 次。及时采果，防治果实过熟引诱果蝇。

5.7～10 月（果实采收后至落叶前）　果实采收后，应及时清除果园中的落果、烂果，集中处理，以消灭果蝇。然后树上喷洒 1 遍氯虫苯甲酰胺＋戊唑醇，可防治多种鳞翅目害虫、多种病害。间隔 15～20 天喷洒 1 遍 68.75％水分散粒剂噁唑菌酮·锰锌（易保）1 000～1 500 倍液喷雾。

经常检查病虫发生情况。发现天牛和吉丁虫新危害蛀孔时，人工钩杀和用药灌蛀孔。发现流胶病，进行刮胶涂药。

9 月下旬，在树干上绑扎诱虫带或草把，诱集树上害虫来潜藏越冬。

第七章
樱桃采后处理与加工

一、采后处理的作用和要求

采收和采后处理，包括采收、预冷、分级包装、贮藏、运输、配送和销售，是果品生产的关键环节。果农生产出来的优质樱桃，能否让消费者享受到，取决于采收和采后处理是否适宜。樱桃皮薄易腐，采后比较不耐处理和贮运，每年因采收和采后处理不当而导致的质量下降和腐烂的损失是很大的，必须充分重视樱桃的采收和采后处理。

采收和采后处理对樱桃产生影响：

①影响樱桃的品质和耐贮运性。采收的时期、成熟度、采收的方法、采后的预冷、分级、包装、贮藏、处理、码垛、运输方式、采后病虫害的控制等，都会对樱桃的品质和贮运性产生影响。

②影响其商品性。作为商品销售和消费，要求樱桃成熟度一致，口感品质优良，大小规格一致，外观漂亮，包装精美适当，货架期有保证，供应期尽可能长，这就要求樱桃按照规定的标准进行分级，按照商品的要求进行包装，按照市场的要求进行贮运，以保证樱桃的商品质量。

樱桃的采收成熟度与其产量、品质和耐贮性有着密切的关

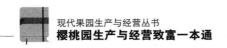

系。采收过早，不仅产品的大小和重量达不到标准，而且风味、品质和色泽也不好，产量减少；采收过晚，产品已经成熟衰老，果实变软，不耐采后处理、贮藏和运输。

在确定樱桃采收成熟度、采收时间和方法时，应该考虑市场要求、采后用途、品种特点、贮藏时间的长短、贮藏方法和设备条件、运输距离的远近、销售期的长短等。一般当地销售的樱桃，可以适当晚采，而作为贮藏和远距离运输的樱桃，在保证品质的前提下，应该适当早采。

樱桃属于非呼吸跃变型果实，采后没有后熟过程，采后品质只会下降而不能改善，应在樱桃达到最佳或市场要求的果实品质时采收。樱桃的成熟期比较集中，采收窗口比较小，采收工作有很强的时间性和技术性，必须提前做好人力、物力上的安排和组织工作，确定适宜的采收时间，特别要重视对采收人员进行采收技术、采收标准和采后各环节处理操作的培训，才能获得良好的效果。

樱桃的采后处理是为了保持樱桃品质，使其从农产品原料转化为商品，包括预冷、挑选、分级、清洗、包装、贮藏等。有条件的要尽量使用机械设备和流水线作业，手工作业的也应尽量使用简单的机械和工作台等，完成樱桃的采后商品化处理，改善果实的商品性状，使樱桃清洁、整齐、美观、利于销售，从而提高产品的价格和信誉。

二、影响采后樱桃品质的采前因素

樱桃采收前，许多因素如环境条件（气候和土壤性状、纬度和海拔等）、果实自身因素和农业技术措施（包括品种、砧木、树龄、树势、施肥、灌溉、修剪及采收时的果实成熟度等），都会在一定程度上影响和改变果实的品质性状，影响到果实的采后处理、运输、贮藏期和货架期。对这些采前因素予以重视，可以得到更好的果实品质，保证樱桃的保鲜效果。

品种是影响果实商品性状和贮藏性能的最主要因素。不同品种的樱桃，其口感品质、外观、大小、果肉硬度、耐采后处理性和贮运性都有可能差别很大。一般而言，大果、硬肉、高糖的樱桃具有较好的商品性和耐贮运性；晚熟品种比较耐贮藏，中熟品种次之，早熟品种一般不耐贮藏。

降水量和空气湿度影响日照时间和强度，影响土壤的透气性、酸碱度，影响果树植株的蒸腾作用，影响养分的合成和积累，影响植株和果实的抗病性，多雨和高湿会增加病菌侵染、造成裂果等，对樱桃果实的商品性和耐贮运性发生影响。

土壤的类型、透气性、酸碱度、肥力、水分和温度变化等影响果树的根系生长、养分吸收和果实的发育，其对果实商品性和耐贮性的影响不可忽视。

温度是影响果实发育、成分组成、品质和耐贮性的主要因素之一，尤其是采前温度和日夜温差，会对果实品质和耐贮性产生明显影响。一天当中选择气温较低的冷凉时段采收，对樱桃采后的果肉硬度保持十分重要。

施肥是保证樱桃果实品质的关键农艺措施，注意增施有机肥，合理施用化肥，才能获得优良的品质。如果氮肥施用过量，则会延迟成熟，导致缺钙，果实软，抗病性下降，容易发生腐烂等。钙在果实品质和耐贮性方面具有重要的作用，高钙可以抵消高氮的不良影响，能够抑制果实的呼吸作用，延迟果实衰老，抑制乙烯合成，保持细胞完整性，提高抗逆能力，抑制果实采后腐烂病害的发生。樱桃生长期喷钙，对于提高樱桃果实硬度，减轻采后腐烂和果面凹陷症状，具有良好的效果。采后浸钙也可以有效减轻贮运期间和货架期的樱桃腐烂和果面凹陷。

灌溉影响果实大小、产量和品质。光照时间、光照度、光质影响果实的贮藏寿命。光照不足会使樱桃果实含糖量低、产量下降、贮藏中易衰老和发生腐烂。

正确使用生长调节剂，可以促进樱桃的品质。国外一些国家在一些中晚熟品种上，于果实转色期喷 1 次浓度为 15～25 毫克/升的赤霉酸（GA_3），可以达到增加樱桃果实硬度、提高单果重、减轻采后腐烂的效果，但会延迟樱桃成熟期 3～5 天。

樱桃套袋可以防止斑翅果蝇等害虫的危害，提高樱桃的果实品质，使果实果面更加洁净，表光质量提高，采收成熟度更高一些，果实糖度增加。樱桃带袋采收和贮运，采收、采后处理和贮运中的机械伤害相对较轻，采后贮藏中果面凹陷和冷害症状也相对较轻。

此外，病虫害的防治、砧木的种类、修剪、疏花疏果、果实结果部位、树龄树势、果实大小等，也都会影响到樱桃果实品质和耐贮性。

三、采　收

1. 成熟度的确定　樱桃为非呼吸跃变型果实，采收时果实内不含淀粉，必须充分成熟时采收，才能获得最佳风味。根据不同的采后需求，樱桃要在其适宜的成熟度时采收，采收过早或过晚均对果实品质、耐贮性和货架期带来不利的影响。

适时采收一般要根据市场客户要求、果实成熟情况、物流运输距离、果实用途等综合确定。采收过早则果实小、颜色浅、风味淡、品质差；采收过晚则果肉变软，易产生机械伤害，不耐采后处理，易腐烂，易失水皱缩，果柄失水变褐，果面出现由碰压伤等机械伤害导致的凹陷症状。因此，适时采收十分重要。

成熟度是确定樱桃果实采收期的主要依据。樱桃的成熟度一般是根据果面色泽、口感风味和可溶性固形物含量等来综合确定。

深色樱桃果实的颜色深浅，与口感风味和可溶性固形物含量有显著正相关，可以比较准确地反映樱桃的成熟度。每一个品种都有自己适宜的采收成熟度的颜色，而且比较稳定可靠，所以生产上一般根据相应品种的果实颜色，结合口感品尝和测定可溶性固形物，判定成熟度和确定采收日期。

黄色品种，一般要求底色褪绿变黄、阳面开始有红晕。红色品种或紫色品种，当果面已全面着红色，即表明进入成熟期。

樱桃的风味品质与果实的可溶性固形物呈极显著相关，因此采收时要达到一定的可溶性固形物，才能具备樱桃应有的口感品质。美国加利福尼亚州的樱桃标准规定：最低成熟度的樱桃，依据品种不同，可溶性固形物至少要达到14％或16％。

研究发现，在樱桃发育的最后2周，即果实从开始成熟至充分成熟，果实重量能增加30％。在此期间，果实风味品质变化很大，可溶性固形物大幅度提高。

法国豆类与果树研究中心（CTIFL）研制了樱桃成熟色卡，各国也都仿制或制作了类似的色卡，在生产上普遍应用。以CTIFL的樱桃色卡为例，色卡颜色从浅红到黑红共分7级。用户可根据品种、气候、市场要求等，综合考量确定采收成熟度和采收期。根据各地的使用情况，推荐采收成熟度色卡值见表7-1，使用时可参照此表，根据自己果园樱桃的实际情况和市场需求等，调整采收成熟度标准，确定采收时间。

表7-1　部分樱桃品种的适宜采收成熟度色卡值

品种	适宜采收色卡值
红灯	4～5
美早	5～6
萨米脱	4～5
斯得拉	4～5
拉宾斯	4～5
先锋	4～5
甜心	4～5

（续）

品种	适宜采收色卡值
布莱特	3～4
雷洁娜	5～6
海德芬恩	4～5
秦林	5
宾库	5
斯基娜	4～5
布鲁克斯	3～4
艳阳	3～4
西蒙（Simone）	4～5
汤姆（Sir Tom）	5
唐（Sir Don）	5～6
黛姆罗玛（Dame Roma）	5～6

当地市场鲜销的樱桃，应在樱桃成熟度较高或完全成熟时采收。采后应尽可能在最短的时间内销售至消费者手中。需贮藏或长途运输销售的樱桃应选择耐贮运品种，一般应选择晚熟或中晚熟的品种，在果实外观和内在品质达到要求且果实硬度较高时采收，避免过度成熟。

2. 采收的时间和方法 樱桃采收期依品种、产地和年份有所不同，大田栽培的樱桃采收期，一般在 5 月上旬至 7 月中旬。早熟品种果实发育期短，果皮薄，果实硬度小，不宜用于贮藏。中晚熟品种，果肉质地较硬，可长途运输和贮藏。黄色（浅色）品种，果皮易因机械伤害（碰压磨伤）表现出褐变症状，采收时要特别小心，尽量减少操作（倒箱）次数，且不宜长期贮藏。

樱桃果实成熟期不一致，采收时应分期分批进行。研究表明，果温较低时采收的果实，果肉硬度较高，而且在之后的贮运中，果实也会保持比较高的果肉硬度。所以，采收要选择在一天当中气温较低的时间进行，一般安排在凌晨至上午 10 时之前气温较低的时段。雨天采收会增加腐烂菌对果实的侵染，所以采收时一般要选择晴天或阴天进行，避开雨天。

采收要避免果实产生碰压磨挤刺伤等机械性伤害。采摘时必须手工采摘，用手捏住果柄，轻轻往上掰动，而不要向下撸拽。注意应连同果柄采摘，并注意不要伤及果柄，保持果柄的完整和色泽。

采下的果实应集中放在遮阴处或树荫下，避免日晒。在田间等待运往包装场及在运输途中，一般要求使用湿的棉布、海绵、反光膜或其他防晒、隔热、保湿材料进行覆盖，这样可以防止果实温度上升，在果实周围保持较高的相对湿度，减少果实和果柄失水失重，减轻果柄褐变和碰压伤导致的果面凹陷症状。

采摘后的樱桃果实要避免日晒，并应尽快预冷。在田间地头堆码时间过长，或长时间在阳光下曝晒的大樱桃，不能长期保鲜贮藏或运输，因为日晒会导致大樱桃果实变软、果实硬度下降、果柄褐变及失水萎蔫。研究发现，在日光直晒下，表层樱桃果实温度在 10 分钟内就会升高 5℃，周转箱里的果实温度会在 2 小时内升高到 30～35℃，而在阴凉处的果实温度则只有 20℃ 左右，与果园的气温接近。在田间和运输途中，遮阴和覆盖十分重要。

果面凹陷症状是果实表皮下的组织受损造成的，其主要原因是采收损伤及采后处理粗放和不当所造成的碰压伤等机械损伤。碰压伤一般发生在采收、运输和包装过程中。碰压伤等机械损伤在采收及采后短时间内往往不易被发现，所导致的表面凹陷症状一般要经过一段时间后才能表现出来，通常是在包装之后到达销售市场时才被发现。调查发现，采收和采后运输到包装场这些环节和过程导致的果面凹陷占到 50%～70%，所以，对采收人员的培训和采收过程中的监督至关重要。

采收后放置的最佳方法，是随采随即进行预冷入库，这样有利于提高樱桃的贮藏质量。

四、采后处理

1. 预冷　预冷是将采收后的樱桃果实温度，尽快地冷却到贮藏温度的操作过程。

预冷是樱桃冷链流通的第一个关键环节。樱桃采收时，正值高温季节，果实温度较高，呼吸旺盛，如不及时迅速降温，将会加速果实成熟、衰老，缩短贮藏寿命，降低果实品质，严重时造成果实腐烂损失。樱桃采收后，要求尽快送到包装场进行预冷、分级、包装和贮藏。

预冷可以抑制果实的呼吸作用，降低其蒸腾失水，减缓果实后熟、衰老和失水带来的外观和内在品质的下降。果实采后及时预冷，将果实温度在短时间内降至适宜较低的温度，可有效降低果实的呼吸强度，减少有机物质的消耗，保持果实硬度，延长樱桃贮运期。

低温可以降低腐烂病菌体内各种酶系统的活性，从而抑制病菌生长，减少果实腐烂的发生。

预冷降温还可以提高果实的硬度，减少分级操作中产生的机械伤害。

及时预冷是樱桃采后保鲜的关键环节，预冷及时与否关系到樱桃采后能否保证鲜度和品质。樱桃采收后要尽快进行预冷处理，一般要求采后 2~4 小时内进行预冷处理。采后预冷必须及时进行，否则樱桃贮运保鲜效果会受到很大影响。

分级包装处理前，预冷要求果温降至 10℃以下。分级包装后，预冷要求果温尽可能降至贮藏要求温度。

樱桃预冷的方法主要有风冷、水冷和真空预冷三大类。风冷又可分为冷库内自然静置降温预冷和强制通风预冷（或称差压预冷）两种。

在这些预冷方式中，水冷的效果最好。与其他方式相比，水冷能够显著降低果实失重率、腐烂率和果柄的褐变，延缓果实颜色（亮度、色度和饱和度）和果实硬度的下降，保持较高的可溶性固形物、可滴定酸含量，延长贮运和货架期。

冷库内自然静置降温预冷，是将采收后的果实放入冷藏库内或加大制冷能力的预冷库中，依靠库温和果温的温差和库内气流将果温降下来。这种方法果实降温较慢，预冷时间较长，一般需要12～24小时。但冷库内自然静置降温预冷，可将预冷与贮藏结合起来，减少设施投资，使用时要注意根据冷库的制冷能力，控制每天入库的果实数量，并要注意在库内的堆垛方式，使其留有足够的空气通道，不要使用隔热的泡沫箱，以利于樱桃果实的散热，也可在樱桃上覆盖湿纱布等材料，以减少果实和果柄的失重。

强制通风预冷（差压预冷）是在预冷库中建造预冷设施，或使用移动式预冷风机，形成压力差，以负压形式强制冷风通过待预冷的果实。强制风冷一般使用低于贮藏的温度（专用设施）或冷藏温度（冷库内移动预冷设备），这种方法预冷时间较短，根据果实大小不同，一般需要2～6小时。静置降温预冷和强制风冷都会使樱桃果实失去一定的水分。强制风冷效果优于冷库静置降温。使用强制风冷预冷时，要注意不要有气流短路，注意使不同位置摆放的樱桃降温速度一致，风速要控制不要过大或过小，风速过小降温速度慢、时间长，风速过大会使果实和果柄失水加重，要注意调节合适的气流速度，适时结束预冷，以免过度预冷造成温度过低发生冻害或失水过多。

水冷是将樱桃果实放入冷水中进行降温的方法。根据设备类型，又可分为喷淋式水冷和浸入式水冷。为防止病菌传播导致果实腐烂，预冷用水要进行杀菌消毒，可使用次氯酸钠、二氧化氯等水消毒剂，使用时注意使用浓度，浓度过高时会对樱桃果实表皮产生伤害，在使用中要定期测定预冷水中的消毒剂的浓度，浓度低时及时补充。在预冷过程中，预冷水中要保持一定的消毒剂浓度含量，以降低腐烂风险。预冷水温一般控制在 0～5℃。樱桃水预冷时间较短，一般需要 5～10 分钟。

真空预冷是在减压条件下使果实表面水分蒸发，通过蒸发潜热带走果实热量，达到果实降温的目的。樱桃可使用真空预冷。真空预冷速度很快，一般预冷时间为 10 分钟左右。单纯真空预冷会使果实失水较多，现在有些真空预冷设备中设置喷淋水装置，可以避免失水的发生。

目前，世界各樱桃主产国在樱桃采收后、分级前及分级线上，主要使用喷淋式水预冷设备，在樱桃分级包装后使用强制风冷。我国樱桃预冷技术起步较晚，目前多数使用冷库静置降温预冷，也有一些企业开始使用效果更好的水预冷设备。

樱桃预冷后即进入分级工序，不能马上进入分级工序时，可置冷库中暂存。

2. 采后处理用水的消毒和监测　采后处理用水包括樱桃水预冷设备用水和分级线上的输送用水等。水是人类致病菌和果实腐烂菌传播的载体。樱桃采后的清洗、水预冷、设备分级等都要用水。对水进行消毒处理，并使其具有一定的杀菌能力，才能避免因使用水导致的腐烂风险。

水的消毒剂有很多种类，如氯系消毒剂、溴、臭氧、过氧乙酸、过氧化氢、紫外线等。氯系消毒剂中包括很多种类，如氯气、次氯酸钠、次氯酸钙、二氧化氯等。可根据处理规模和投资情况，选择合适的设备和消毒剂种类。

消毒剂的杀菌效果，与消毒剂种类、使用浓度、果蔬种类、水中有机物质含量、脏杂物质含量、清洗接触时间、温度、pH 等有关。使用消毒剂的目的是对水进行杀菌消毒，杀灭水中的病原菌（人类病原菌和植物病原菌）。

对于国内小规模的樱桃包装场，水预冷用水和分级设备用水的水消毒，推荐使用饮用水消毒常用的次氯酸钠或二氧化氯粉剂。基于安全性、杀菌性能、使用方便性等方面的考虑，我们推荐优先使用二氧化氯粉剂。

（1）使用浓度。次氯酸钠使用浓度 75～100 毫克/升（有效氯含量），二氧化氯使用浓度 10～20 毫克/升。

（2）注意事项。

①次氯酸钠消毒剂。使用饮用水（城市自来水），或水质应达到饮用水水质标准。果实较脏时，预冷前要进行预清洗，水中有机物较多或较脏时，要及时更换。

要控制水的 pH 7.0～7.5。pH 超过 8，则杀菌作用急剧下降；pH 降到 6 以下，则不稳定，以氯气的形式逸出（车间要注意通风），而且对设备的腐蚀性加重。配制时次氯酸钠会使水的 pH 升高，可使用盐酸或柠檬酸溶液调节（表 7 - 2）。

表 7 - 2　次氯酸钠水溶液杀菌能力与 pH 的关系

pH	有效杀菌成分（HOCl）	无效杀菌成分（OCl⁻）
6.0	97%	3%
6.5	95%	5%
7.0	80%	20%
7.5	50%	50%
8.0	20%	80%
8.6	6%	94%
8.84	4.1%	95.9%
9.58	1%	99%
10.2	0.6%	99.4%
11.83	0.2%	99.8%

②二氧化氯粉剂消毒剂。二氧化氯粉剂在配制时，要严格按照产品说明书要求进行，以免发生危险意外。

水温高、浓度大、pH 较低时，二氧化氯会从水中逸出，空气中的二氧化氯与氯气一样有同等的危险性和毒害性，要注意监

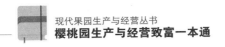
测及车间通风。

（3）监测方法。传统的监测方法是测定水中有效氯的浓度（比色法、滴定法等）和 pH，从而判断其杀菌能力。国际上目前是采用测定 ORP（氧化还原电位），结合测定 pH，判断其杀菌能力，这种方法更准确，更简便，还能够实现在线测定和控制。

除了紫外线之外，上述提到的消毒剂都是强氧化剂。其氧化能力越强，杀灭微生物越快。测定其氧化能力水平，我们就可以直接判定其杀灭微生物的速度快慢。ORP（氧化还原电位）是用于测量水中的氧化能力水平，其单位为毫伏，是测量消毒剂的活性水平而不是其浓度。研究表明，ORP 在 650 毫伏水平下，细菌如大肠杆菌在接触几秒钟内就被杀死。杀死酵母菌和霉菌一般需要 750 毫伏或更高的值。不论使用哪种消毒剂或复合消毒剂，也无论水质情况如何，如果 ORP 够高，就可完成消毒作用。保持平衡和适宜的 pH 和较低的杂质含量，有助于维持水的消毒效果，所以建议尽量使用干净的水，保持较好的水质，这样能在保持有效 ORP 的前提下，尽量减少消毒剂的用量。

ORP 的测量仪器有许多种类，其核心部件是铂金电极测头。所有 ORP 仪的电极测头都需要保持湿润，定期清洗，使用标准液检查和校正，以保证其测定值的稳定和准确。测定方法很简单，是将电极浸入待测水中，然后读取结果。一般浸入后几分钟，测量值就可稳定读取。电极寿命一般 1～2 年，要注意按照要求定期维护清理，以保证 ORP 测定数值准确可靠。

ORP 是监测水消毒水平的可靠方法，不论使用何种消毒剂处理何种果蔬，也不论环境条件如何变化，ORP 都可准确稳定地反映采后处理用水的消毒状况。

①测定仪器。ORP 仪（氧化还原电位仪），pH 计。

②监测指标。次氯酸钠：ORP 750～850 毫伏，pH 6.5～7.5。

二氧化氯：ORP 650～690 毫伏，pH 5.0～8.0。

③注意事项。樱桃采后处理过程中，要经常测定水的 ORP 和 pH，以监测判断和及时调整补充，保证其始终具有足够的杀菌性能，及避免浓度过高对果实产生伤害。一般情况下，可每小时测定 1 次，并做好测定和调整的记录。

ORP 仪按照产品说明书使用并经常标定（标定液可网购）。一般要准备两个 ORP 仪，数据异常时或隔段时间可同时使用，以验证和排除电极问题，防止 ORP 电极因出现污染、损坏等影响测定结果的准确。

五、分级和质量等级规格

樱桃分级分为人工分级、机械辅助分级和光电智能分级 3 种方式。人工分级是全靠人工，按照樱桃果实大小、外观、颜色和瑕疵，把樱桃分成相应的不同规格等级。机械辅助分级可提高分级效率，是使用机械设备，把樱桃按照直径（平行滚轴式）或重量（称重式）分成不同大小规格，机械设备分级不能剔除外观、颜色和有瑕疵的果实，分规格大小的准确度一般也只有 60%～80%，所以机械设备分规格后，要再使用人工挑拣，剔除形状、色泽、瑕疵、大小等不符合规定的果实。光电智能分级是使用拍照和近红外等方法，依靠计算机根据樱桃的直径大小、颜色、瑕疵、软硬度、糖度等，将樱桃分成不同规格等级，光电智能分级一般也需要在光电分级设备前设置机械分级设备，以提高工作效率，在光电智能分级后设置人工检查分拣，以确保分级质量。

樱桃的质量等级和规格要求每个国家都有自己的规定。我国对樱桃质量等级的要求主要有国家标准 GB/T 26906 和农业部行业标准 NY/T 2302 等。

GB/T 26906—2011 规定的主要内容：基本要求是同一品

种，具有该品种的固有特征，品种不混杂，果实新鲜洁净，无异常外来水分，无异味，无腐烂、病虫害、冷害和冻害，具有适于市场或贮藏要求的成熟度，可溶性固形物含量达到该品种固有的特性（表7-3）。

表7-3　GB/T 26906—2011列出的部分樱桃品种的
可溶性固形物平均含量

品种名称	可溶性固形物平均含量（%）
红灯	15.4
芝罘红	15.0
佐藤锦	18.3
雷尼	14.8
拉宾斯	16.4
先锋	16.0
宾库	12.0
斯得拉	15.0
那翁	15.0
大紫	13.5
艳阳	15.0
巨红	20.0
红艳	14.9
红蜜	19.2
萨米脱	17.3
美早	16.2
早大果	12.0

　　樱桃等级分为特级、一级和二级，各级标准规定见表7-4、表7-5。

表 7-4　GB/T 26906—2011 规定的樱桃等级要求

项目	特级	一级	二级
果形	果形端正，具有本品种的典型果形，无畸形果	果形端正，具有本品种的典型果形，无畸形果	具有本品种的典型果形，允许有 5% 的畸形果
色泽	具有本品种典型的色泽，深色品种着色全面，浅色品种着色 2/3 以上	具有本品种典型的色泽，深色品种着色全面，浅色品种着色 1/2 以上	具有本品种典型的色泽，深色品种着色全面，浅色品种着色 1/3 以上
果面	果面光洁，无磨伤、果锈和日灼	果面光洁，无磨伤、果锈和日灼	果面光洁，无磨伤、果锈和日灼
果梗	带有完整新鲜的果梗，不脱落	带有完整新鲜的果梗，不脱落	带有完整新鲜的果梗，不脱落
机械伤	无	无	无
单果重	果实单果重由大到小分布的前 20%	果实单果重由大到小分布的 21%～60%	果实单果重由大到小分布的 61%～90%

表 7-5　GB/T 26906—2011 规定的部分樱桃品种的单果重等级要求（克）

品种	特级	一级	二级
红灯	＞10.4	10.4～7.9	7.9～4.8
红蜜	＞6.6	6.6～5.1	5.1～3.8
萨米脱	＞11.2	11.2～8.8	8.8～6.9
佐藤锦（Sato Nishiki）	＞8.2	8.2～6.0	6.0～4.9
先锋	＞7.8	7.8～6.2	6.2～4.5
拉宾斯	＞7.6	7.6～6.5	6.5～5.3
雷尼	＞8.1	8.1～6.2	6.2～5.3
美早	＞9.7	9.7～8.2	8.2～6.5
红艳	＞7.8	7.8～6.1	6.1～5.1
8-102	＞7.6	7.6～5.9	5.9～4.8

农业部行业标准 NY/T 2302—2013 樱桃等级规格标准规定：

樱桃果实应果实完整新鲜，无病虫害，无污染，无异味，无非正常的外来水分，有果柄，对果柄易脱离的品种，果柄处无新鲜伤口（表7-6、表7-7）。

表7-6　NY/T 2302—2013 规定的樱桃等级标准

要求	特级	一级	二级
成熟度	适宜成熟度	适宜成熟度	适宜成熟度，过熟或未熟果小于5%
果柄	新鲜完整	基本完整，褐变和损伤率小于5%	新鲜，基本完整，褐变和损伤率小于10%
色泽	具有品种典型色泽	基本具有品种典型色泽	基本具有品种典型色泽，着色面积不完全
果型	端正	基本端正	基本端正
裂果	无	无	允许少量裂果，但不能流汁
畸形果	无	≤2%	≤5%
瑕疵	无	≤2%	≤10%

按数量计，特级中允许有5%的一级产品，一级中允许有10%的二级产品，二级中允许有10%的产品不符合该等级的要求，但应符合基本要求。

表7-7　NY/T 2302—2013 规定的樱桃规格（毫米）

规格	大（L）	中（M）	小（S）
果实横径	≥27.0	21.1~26.9	≤21.0

特级樱桃允许有5%的产品不符合该规格的要求，一、二级樱桃允许有10%的产品不符合该规格的要求。

国外樱桃的大小规格一般是按照直径分，单位以行（ROW）或直径（单位：毫米）两种分类，以ROW为标准的地区有美国和加拿大，其他则以公制单位毫米为准，如新西兰和澳大利亚洲，智利则是使用特别尺寸单位J（英语单词Jumbo的缩写）。

（1）美国和加拿大的规格尺寸。行（ROW）是美国和加拿大樱桃产业用于测量和描述果实大小的用语。最初是在包装盒的最顶层整齐排放果实，每行排放的果实数量，代表了樱桃果实的大小。例如，每行能摆放 10 个樱桃果实，则这样大小的樱桃称之为 10 行（ROW）。

樱桃现在还是按照行（ROW‑SIZE）进行分规格大小，但是已不再像过去那样成排摆放，而是在分级包装线上按照大小自动化机械分级。行（ROW）的数字越小，果实越大。

果实直径 31.4 毫米（79/64 英寸 *，1 英寸＝25.4 毫米）以上，写作 8.5ROW，俗称 8.5 行。

果实直径 29.8 毫米（75/64 英寸）以上，写作 9ROW，俗称 9 行。

果实直径 28.2 毫米（71/64 英寸）以上，写作 9.5ROW，俗称 9.5 行。

果实直径 26.6 毫米（67/64 英寸）以上，写作 10ROW，俗称 10 行。

果实直径 25.4 毫米（64/64 英寸）以上，写作 10.5ROW，俗称 10.5 行。

果实直径 24.2 毫米（61/64 英寸）以上，写作 11ROW，俗称 11 行。

果实直径 22.6 毫米（57/64 英寸）以上，写作 11.5ROW，俗称 11.5 行。

果实直径 21.4 毫米（54/64 英寸）以上，写作 12ROW，俗称 12 行。

（2）智利、澳大利亚、新西兰的规格尺寸。

果粒直径 32 毫米以上，写作 XG＼SG＼XP＼SP＼XXXJ＼XXSJ，俗称 4 勾。

---

* 英寸为非法定计量单位，1 英寸＝0.025 4 米。——编者注

果粒直径 30～32 毫米，写作 G \ P \ XSJ \ SXJ \ XXJ \ SSJ，俗称 3 勾。

果粒直径 28～30 毫米，写作 XJ \ SJ \ JJ，俗称双勾。

果粒直径 26～28 毫米，写作 J，俗称单勾。

果粒直径 24～26 毫米，写作 XL，俗称 XL。

果粒直径 22～24 毫米，写作 L，俗称 L。

上述字母的代表含义为：

G＝giant 巨大的；

P＝premium 特级的；

S＝super 超级的；

X＝extra 额外的、更加的；

J＝jumbo 较大；

L＝large 大。

有些品牌的樱桃会在标注级别后加上 D 或 L，D（dark）代表深色果，L（light）代表亮色果、偏红。

六、包装和贮藏

樱桃是呼吸强度比较高的果品，果皮薄、果肉软，在采后处理（采收、分级、包装）、装卸运输中易发生机械伤害，在从采收到销售的整个过程中，易发生失水失重，影响果实品质。因此，在采后整个过程中要特别注意小心和仔细操作，保持较低的温度，尽量减少机械伤害和失水失重的发生。

1. 包装　短期贮运（2 周以内）包装，一般采用包装盒（箱）内衬打孔塑料袋，以达到保湿减少失水的目的。长期贮运（2 周以上）包装，多采用自发气调包装，使用具有特定透气性能的专用气调保鲜袋。

樱桃包装一般使用纸箱，包装量根据市场及客户要求，一般以 1～5 千克为宜，纸箱（盒）包装需要在周边开孔，以利于冷风循环降温。

包装尽量不要采用泡沫箱，原因是：①许多泡沫箱有味，会对樱桃造成污染，使樱桃带上泡沫箱的异味；②泡沫箱有一定的隔热性能，在冷库中暂存时会减慢樱桃的降温；③泡沫箱不透气，密封包装后，如果在运输中遇到温度升高，会使樱桃发生无氧呼吸伤害和二氧化碳伤害，导致樱桃果皮褐变、果皮烫伤状、产生异味和腐烂。

2. 贮藏　樱桃贮藏前要对冷库进行清扫和消毒。可使用冷库专用熏蒸消毒剂，消毒完毕后通风换气。要检查和调试冷库设备，确保所有设备运转正常。樱桃入库前 1～2 天前，开机将冷库温度降至设定温度。樱桃入库码垛，要注意整齐稳固，码垛排列方式、走向及垛间隙，应与库内空气环流方向一致。推荐使用托盘和叉车，以提高效率，减少装卸和码垛时间及可能产生的机械伤害。

樱桃的适宜贮运温度为 $-1～0℃$，贮运环境的相对湿度大于 95%。在此条件下樱桃可贮运 2～4 周。

气调贮藏（CA 和 MA）可减缓果实颜色加深，减缓酸度和硬度下降，减轻腐烂率和果柄褐变，延长贮运期。对于多数樱桃品种，气调贮藏（CA）的适宜气体条件为：$1%～5% O_2 + 5%～20% CO_2$，自发气调（MAP）的适宜气体条件为：$5%～10% O_2 + 5%～15% CO_2$。有的品种如斯科娜（Skeena），则需要较高的氧气浓度（$8%～10%$）。如果温度升高，樱桃发生无氧呼吸及伤害的风险会加大，因此气调贮藏和运输中要严格控制好温度，一旦不能保证所要求的温度，则要将气调包装袋打开，以免樱桃发生伤害。

樱桃对冷害较不敏感，但在低温下 20 天以上果面也会开始出现小凹陷的冷害症状，并且随着低温下放置时间的延长，冷害症状会逐渐加重，影响樱桃的果实表光，贮藏时间过长，果实酸度下降较大，樱桃口感会变得寡淡无味，失去樱桃应有的口感品质。

樱桃在低温下乙烯生产量很小，但樱桃对外源乙烯敏感，会刺激和增加樱桃的呼吸，加速樱桃质量损失。乙烯也会刺激或促进腐烂微生物的生长，增加腐烂率。因此，贮运中使用乙烯抑制剂（1-MCP）或乙烯吸附剂，对樱桃品质保持和减轻腐烂有一定效果。

樱桃入库初期，要及时进行除霜处理。贮藏过程中应保持库温和果温稳定，库内果实温度变化幅度不宜超过1℃。冷库内温度应定时测量并做好记录。库内相对湿度一般保持在85%～90%，不足时可采取加湿措施。定期检查果实质量，发现问题及时处理。冷库最好安装温湿度监控装置，及时掌握冷库状况，防止出现意外。

樱桃最好采用冷链运输和展示销售，温度尽可能接近0℃。

3. 樱桃采后病虫害及其控制　引起樱桃采后腐烂的主要致病菌有：链格孢霉（*Alternaria* sp.）、青霉（*Penicillium expansum*）、蜡叶芽枝孢霉（*Cladosporium herbarum*）、灰霉（*Botrytis cinerea*）、根霉（*Rhizopus stolonifer*）、褐腐病菌（*Monilinia fructicola*）、黑曲霉（*Aspergillus niger*）等。其中许多是在生长期（包括花期）侵染，一直到采收时都保持潜伏状态不发病。病菌还可通过果实采收和采后处理时造成的伤口、裂口或碰压伤处进行侵染。采后使用杀菌剂、消毒剂可以大大减轻果实腐烂的发生，低温贮藏、杀菌剂处理、高浓度二氧化碳（10%～20%）气调包装等措施，都可减缓腐烂病菌的生长。

采后腐烂防治措施：

①首先要做好果园病虫害防治工作。

②采收过程中避免产生碰压磨刺伤等机械伤害。

③采后避免阳光直晒和高温环境。

④采后果实避免灰尘和接触异物如死树枝、杂草等。

⑤保持采摘容器如采摘桶、果箱、周转箱等清洁卫生。去除

果实箱或周转箱上黏附的土，这些土中会含有青霉、毛霉、根霉等真菌孢子。

⑥采后尽快进行水冷，预冷水中使用次氯酸钠（或次氯酸钙）或二氧化氯等消毒剂。水预冷可迅速除去果实田间热，并清洗果实，去除和杀死果实上的真菌，并有助于保持果柄质量。

⑦水预冷后要尽快进入分级和贮运，尽量保持在0℃环境条件下。

⑧要做好盛装容器、分级包装车间、分级设备等的清洁卫生和消毒工作，定期清洗消毒设备和用具，及时清理去除包装场中所有的伤果和腐烂果。

如果采用杀菌剂处理，采收后要尽早进行。实验证明杀菌剂处理要在采后24小时内才有较好效果。

在欧洲，樱桃采收以后不允许使用任何杀菌剂，采前杀菌剂的使用也有严格的规定和要求。在美国、加拿大、智利、澳大利亚等国家，樱桃采后允许使用一些高效、低毒、低残留的杀菌剂，如美国等国家允许樱桃采后使用咯菌腈处理，以防止贮运期间发生腐烂。我国目前在樱桃上还没有采后杀菌剂的登记注册，所以要特别强调和重视樱桃病虫害的采前防治及采后处理的各个环节。

4. 斑翅果蝇的采后控制 斑翅果蝇（*Drosophila suzukii*）是起源于亚洲的一种果蝇，危害浆果、核果、番茄及其他许多植物的果实。斑翅果蝇危害樱桃后，会在果实上造成伤口导致腐烂，在果实中孵化幼虫，使消费者产生极度反感，给樱桃的消费和销售带来极其严重的负面影响，必须高度重视，在樱桃生产和销售的各个环节，严格控制其发生和扩散。

斑翅果蝇在低温下会死亡。把樱桃进行冷藏，冷藏时间越久、冷藏温度越低，果实中斑翅果蝇（卵和幼虫）的死亡率越高。斑翅果蝇的幼虫越老熟，对冷藏的耐受性越高，所以樱桃采收后要尽快预冷降温。如果从采收到降温至1℃以下的时间超过

24 小时，则斑翅果蝇幼虫发育更老熟，会增加其存活的风险。在 0.5～1℃ 条件下贮藏 8 天，可以杀死所有发育阶段的斑翅果蝇，包括幼虫、卵和蛹。

包装场是控制斑翅果蝇存活和扩散的重要环节。当樱桃运送到包装场后，要首先检查果实表面和内部有无果蝇危害的症状。可取樱桃样品，在杯子或塑料袋中破碎，把盐、糖、温水按照 1∶3∶16 的比例配制成溶液，倒入破碎后的果实中，搅拌，静置 10 分钟。如果有存活的斑翅果蝇幼虫会浮到水面。如果发现有斑翅果蝇幼虫，则要将樱桃置于 0℃ 冷库中进行检疫处理。

包装场分拣出来的樱桃废料不可随意丢弃，可进行如下处理：

将樱桃废料进行打浆处理。斑翅果蝇产卵需要完整的果实，打浆后斑翅果蝇就无法在其中产卵。

将侵染斑翅果蝇的樱桃废料放入冰箱或冷库，在 −1.6℃ 以下温度放置 96 小时以上，然后再检查以确保其完全杀死。

将其放入沼气发酵池或在密闭容器中发酵 2 周以上。

采用上述方法处理后，可将樱桃废料（渣）埋入田间土壤中。

保持包装场环境卫生及严格检查监督十分重要。在包装场车间窗户、入口等处放置果蝇诱捕器，并每周检查有无斑翅果蝇。使用漂浮法检查果实中有无斑翅果蝇危害。每天清洗垃圾果箱，冲去里面的果汁果渣，以避免其吸引斑翅果蝇。每天清扫车间、清洗设备，去除所有樱桃废料，保持车间卫生清洁。正确及时地处理车间里的樱桃废料。

5. 樱桃贮运中的问题　樱桃采后长时间低温冷藏贮运主要问题有果柄失水褐变；果柄脱落；果面凹陷（pitting）；果实冷害和失去表光等。

（1）果柄失水褐变。防止果柄褐变要从采收开始，采收时要注意避免造成果柄机械伤害，采后要遮阴覆盖防止果柄失水，尽快预冷降温，分级包装操作要快并要注意防止机械伤，贮运要保持低温及减少温度波动，保持果实环境较高的相对湿度，气调包装（MAP）和 1 - MCP 都对果柄的保鲜保绿具有良好的效果。

（2）果柄脱落。果柄脱落是樱桃长期冷藏贮运后存在的问题，有时脱柄率可在 20％ 以上，严重影响樱桃的商品性状。樱桃果柄脱落是果柄和果实之间形成离层导致的，采收过晚、果实成熟度高，果柄脱落率增加。目前还没有找到能有效防止樱桃果柄脱落的办法。

（3）果面凹陷。果面凹陷是影响樱桃品质的重要问题。其表现是在果面上出现凹陷，随着贮运时间延长，凹陷会逐渐加大，货架期间一些樱桃会首先在凹陷处发生腐烂。

果面凹陷的主要原因是机械伤，樱桃果实发生机械伤后，伤处皮下组织呼吸异常，水分丧失较快，皮下组织数层细胞死亡，果面塌陷。深色樱桃的果实发生机械伤害时，果实颜色掩盖了受伤组织的褐变症状，直到果肉组织崩溃下陷出现凹坑，伤害的症状才表现出来。在代谢速率旺盛、水分丧失迅速的情况下，果面凹陷一天就会表现出来，但在低温和保湿包装贮藏中，果面凹陷症状的出现可能需要几周的时间。

采收和采后包装场处理是造成樱桃果面凹陷的两个主要环节。采收环节导致的果面凹陷可以占到一半以上，所以要高度重视对采摘人员的培训和监督，高度重视对分级生产线的检查和调整。

樱桃果面凹陷与果实的硬度密切相关，果实硬度高则果面凹陷率较低，症状严重程度较轻。决定樱桃果实硬度的因素有品种、树体状况、果实温度、果实水分状况、是否使用生长调节剂或喷钙、采收成熟度等。

（4）果实冷害和失去表光。多数樱桃品种冷藏贮运 20～30 天以后，其果实会逐渐出现冷害症状，随着冷藏时间的继续延长，冷害症状会加重，表现为果面出现许多很细小的凹陷（麻坑），果实表光逐渐失去，果肉开始有褐变发生，口感逐渐变得寡淡，品质下降。冷害发生的严重程度与品种、成熟度、贮藏方式、条件及贮藏时间等因素有关，要注意避免贮藏时间过长而使樱桃品质下降过多影响销售。

七、简易加工技术

樱桃成熟期早、不耐贮运，除鲜食外，还可加工为果酒、染色罐头、果酱和果脯、果汁等多种产品。

1. 樱桃酒 甜樱桃种植业者在生产的过程中，由于种种原因会产生很多残次果品，此种原料可以用来生产甜樱桃制配酒，质量上乘的甜樱桃果实经过破碎取汁、发酵后，可制得甜樱桃果酒；用生产果汁、果脯的下脚料，经酵母发酵后，再与酒脚料混合蒸馏，可制得甜樱桃白兰地酒。

在樱桃生产、采收、销售的过程中产生的残次果可以用来自制"农家乐酒"，其生产工艺简单，味道纯正，不加任何添加剂和防腐剂，自制自饮，变废为宝。主要方法如下：

为了使甜樱桃酒的颜色美观，可将不同成熟度和不同颜色的果品分别处理。

若果实为不完整的残次品，可将果实的腐烂部分去除，除去果梗、核并清洗干净后用市售的 ClO_2（不同厂家生产的产品使用剂量不同）按产品的说明进行预处理，然后用清水冲洗两遍，再把水沥干。用打浆机打浆，5 千克樱桃浆加入 1 千克白糖，搅拌均匀，等白糖完全融化以后装在洗干净（控干水分）的玻璃瓶子里。注意：瓶子不要装得太满，要留出 1/3 的空间，因为甜樱桃在发酵的过程中会膨胀，产生大量的气体，如果装的太满，甜樱桃酒会溢出来。另外，为了不让外面的空气进去，在瓶盖上最好用塑料袋缠紧。置于 25℃ 左右的房间里静置 25～30 天，然后用滤网将果渣去除，（在此操作过程中要严格消毒，不要把细菌带到酒里面去）上清液装入另外准备好的玻璃瓶中，即为短期贮存的"农家乐酒"。此种方法制作的酒不可久贮。

若果实为完整的果品，可除去果梗清洗干净后用市售的ClO_2（不同厂家生产的产品使用剂量不同）按产品的说明进行预处理，然后用清水冲洗两遍，再把水沥干。将市场销售白酒装入大口玻璃瓶中，将甜樱桃装入其中浸泡，以酒没过甜樱桃为好。甜樱桃的量可根据自己的喜好和瓶子的容量而定。一般20天左右即可饮用，也可长期避光保存。

2. 樱桃罐头

（1）工艺流程。选料→分级→清洗→硬化→预煮→冷却→染色→漂洗→固色→清洗→装罐→加糖水→封口→杀菌→保温检查→成品。

①选料。选择成熟度为八至九成，色泽为黄色的果实，如那翁、雷尼等，剔出带病虫害、机械伤的不合格果。在分级前摘除掉果柄。

②分级。按果实的大小分成 3 级，分级标准：3～4.5 克，4.6～6 克，6.1 克以上。

③清洗、硬化。洗去果实表面灰尘，漂去果实中的树叶杂质。为保护甜樱桃果实不煮烂，可将收购的甜樱桃经清洗后，放入含 1.5％的明矾溶液中浸泡 24 小时，进行硬化处理，来降低甜樱桃果实的煮烂率。

④预煮、冷却。将分级的甜樱桃用容量为 25 千克的尼龙网袋分装预煮。最佳的预煮方法是：成熟度为 80％的樱桃果在 100℃沸水中煮 90 秒后，立即捞出于流动水中迅速冷却，务使冷透；成熟度为 85％的樱桃果，水温应是 100℃，时间为 60 秒；成熟度为 90％的樱桃，水温是 95℃，时间为 90 秒，这样才能取得最好的脱色效果，并能保证煮烂果的百分率最低。预煮时，预煮水与樱桃果之比越大越好，一般最少为 20：1，以便果实在瞬间受热，花青甙迅速分解，而果肉又能保持完好，不致煮烂。

⑤染色。染色液的配制为水 50 千克，胭脂红 32.5 克，苋菜红 17.5 克，柠檬酸 10 克，混合均匀后调节酸碱度为 4.2 左右，加入经预煮透后冷却好的甜樱桃果 35 千克，浸泡染色 24 小时。染色液的水温为 25℃左右，染色液与樱桃果之比为 10∶7。

⑥漂洗。从染色液中取出果实用清水漂洗 1 次，洗去浮色。

⑦固色。用 0.3％的柠檬酸水，对已染色漂洗过的樱桃果浸泡 24 小时，进行固色，固色液与樱桃果之比为 4∶1，水温 20～25℃。

⑧清洗。用清水把固色后的甜樱桃淘洗两遍，沥干水后即可装罐。

⑨装罐、加糖水、封口。根据罐的大小和规定净重装入樱桃果，一般用 7 114 罐，内含物净重 425 克，樱桃果实净重260 克，需加入的糖水 165 克。加入的糖水液面与罐顶要保留一定空隙。空隙过大使空气增加，对罐内食品保存不利；过小，在杀菌期间受热易使罐头变形。一般空隙要留 6～8 毫米。封盖后罐顶空隙为 3.2～4.7 毫米。封罐之前要进行排气，排气的目的是将罐头顶隙和果品组织中保留的空气尽量排除掉，使罐头封盖后能形成一定程度的真空状态，防止败坏。真空封罐和抽气密封适于水果类罐头，糖水染色樱桃罐头的罐内真空度一般为 53.3～60 千帕。

⑩杀菌。将封装好的罐头放在 100℃的沸水中 5～15 秒，取出后立即进行冷却，一般用处理过的符合卫生标准的水冷却至 37℃左右。

⑪保温检查。杀菌处理后的甜樱桃罐头，还要存放在 37℃的库房内保存 5 天左右。如果罐头变质，期间会产生大量气体，注意检查倒垛。

⑫成品。包装前先用干布将罐头擦干净，打号，涂上一层防腐剂，以免罐头在运输和贮存中生锈，然后贴上商标，即可装箱出厂。

（2）质量要求。果实呈紫红色，色泽较一致。糖水较透明，允许含少量不引起浑浊的果肉碎屑。具有糖水甜樱桃罐头应有的风味，酸甜适口，无异味。果个大小均匀，无皱缩及明显的机械伤，果形整齐。果肉不低于净重的60%，糖水浓度在14%～18%（开罐时按折光计）。

3. 樱桃果酱　工艺流程：原料选择→煮制→浓缩→装罐→杀菌→冷却。

①原料选择。选择新鲜无腐烂的甜樱桃，洗净、去核，用组织捣碎机将其搅碎呈泥状（也可用绞肉机和菜刀代替）。

②煮制。将樱桃泥和水倒入锅中，用旺火煮沸后再开锅煮5分钟左右，随后加入白糖和柠檬酸，改用小火煮，并不断搅拌，以避免糊锅而影响果酱质量。

③浓缩。待小火煮15分钟后，将已经加热而充分溶解的明胶（用少量水将其浸泡后加热）均匀地倒入锅中，继续煮10分钟左右。取少许果酱滴入盘中，若无流散现象，即可关火。

④装罐。将制成的樱桃酱装入干净容器中，盖上盖，放在阴凉通风处保存。

⑤杀菌。蒸汽式杀菌。100℃蒸汽杀菌5～15分钟。

⑥冷却。在热水池中分段冷却至35℃，擦罐入库。

4. 樱桃脯　工艺流程：原料选择→后熟→去核→脱色烫漂→糖煮→晾晒→包装。

①原料选择。选用个大、肉厚、汁少、风味浓、色浅的品种，成熟度在九成左右，剔除烂、伤、干疤及生、青果。

②后熟。甜樱桃宜于傍晚采收，采收时要防止雨淋，并于室温下摊放在苇席上后熟一夜。切忌堆放过厚而发热，影响制品质量。

③去核。后熟一夜的果实，果核已与果肉分离，可用捅核器（用针在筷子上绑成等距离的三角形，内径为甜樱桃直径的80%左右）捅出果核，注意尽量减少捅核的裂口。

④脱色烫漂。将去核的甜樱桃，浸入0.6%亚硫酸氢钠溶液

8小时，脱去表面红色。对于红色较重的甜樱桃，脱色时间可适当延长。将脱色的甜樱桃放入25%糖液中预煮5～10分钟，随即捞出，用45%～50%冷糖液浸泡12小时左右。

⑤糖煮。将果实捞出，调整糖液浓度至60%左右，然后再煮沸，将果实进行糖煮，在温火中逐渐使糖渗入果肉，果实渐呈半透明状。

⑥晾晒。捞出果实，沥去表面糖汁，放入竹屉或摊放在苇席上，在阳光下曝晒。注意上下通风，防止虫、尘、杂物混入，并每天翻动。晒2～3天，果肉收缩后，可转入阴凉处通风干燥至不黏手时即可。也可在烤房中于60～65℃下烤干。

⑦包装。一般采用聚乙烯塑料薄膜袋封装。包装前应进行分级，按大小、色泽、形态分级包装。对颗粒不完整、大小不一致以及色泽较差的，另外分开包装。

第八章
樱桃市场营销

随着樱桃种植规模的扩张和产量的增加，市场的竞争日趋激烈，这种竞争不再局限于销售数量和商品价格，而是扩大到果品的质量、品牌和营销方式等各个方面。对于工业、服务业等行业来说，市场营销已经发展成熟，而且拥有一批专业知识丰富的营销策划人员。但对于樱桃果品而言，产地组织松散，没有果品营销的专业团队，也没有符合果品营销特色的营销策略，没有协调，只有盲目竞争！由于樱桃果实发育期短、不耐贮运，种植区域相对集中，种植者营销意识差等原因，樱桃果品一直存在上市集中、销售压力大的情况，甚至出现产量过剩、卖果难，果贱伤农的悲剧！目前，果品销售已成为影响产业发展的首要问题，需要认真研究，提出解决策略。

一、果品营销观念

樱桃果园生产与经营，在当今市场经济下，研究市场营销是极其重要的工作。要想果园营利，必须学习市场营销、营销观念、果品营销特点。

市场营销，包括市场调研、选择目标市场、产品生产、采后处理、产品定价、产品促销等一系列与市场有关的经营活动。樱桃市场营销，是以消费者的需求作为生产经营的出发点，将果品

变为商品，将商品与服务整体地提供给消费者，满足消费者的需求，生产者获得可观经济效益，促进产业持续健康发展。

市场营销观念，是指从事市场营销活动的指导思想，是生产者在一定时期、一定生产经营技术和市场环境下，进行市场营销活动，正确处理生产者、消费者和社会三方利益的指导思想和行为的根本准则。市场营销观念经历了两个本质不同的发展阶段，即传统市场营销观念和现代市场营销观念。

传统市场营销，生产观念，以生产者为中心，生产什么卖什么；随着规模和产量的提高，市场供应量增加，消费者喜欢更高质量的果品，生产者改变生产观念为产品观念，以期获得更好的种植效益；随着生产力的进一步提高，果品开始出现局部过剩，生产者必须加大推销活动，千方百计促进顾客购买，这是推销观念。

现代市场营销观念，是以消费者需求为中心的营销观念，消费者需要什么果品就生产什么果品，哪里有消费者，哪里就需要拓展营销策略。绿色营销，是源于人与自然关系的冲突，以保护生态环境、可持续发展为指导，在人与自然和共处的前提下，实现消费者利益、企业利益和社会利益。而各地的樱桃节、休闲采摘等活动，代表了樱桃绿色消费的新时代。网络营销，相对于传统营销的具有传播范围广、高效性、经济性等明显的优势特点，目前得到全球化的发展。随着土地经营进一步规模化，家庭农场、专业合作社等新型经营主体的崛起，农业互联网时代到来，果品网络销售日益盛行。樱桃电子商务销售已成为果品销售亮点，走在了时代的前列，正在一定程度上取代传统的营销方式，成为现代市场营销的发展趋势。

二、营销存在的主要问题

1. 果实商品质量参差不齐　首先，目前甜樱桃生产中，主栽品种为软肉品种，如红灯、红蜜等，且过于集中，各产区均为这些品种，不耐贮运，下一步急需改良品种，发展硬肉、货架期长的品种，如布鲁克斯、黑珍珠等。其次，栽培管理过程中，缺乏统一组织和协调，普遍存在早采问题，生产者为了抢占早期市场，多数上色就采，大大降低单果质量和可溶性固形物含量，口感品质差，色泽较浅，严重影响果实的商品质量，限制了整个产业的健康发展；虽然有些地区意识到果品品质的重要性，也获得国家地理标志品牌，取得了市场通行证，但是由于果品来自不同的产区、产地、园片，管理没有统一的标准，采摘后贮藏、处理（包括清洗、预冷、分级、打蜡、贴标、包装等）及仓储、运输等流通生产环节没有严格控制，品质难以统一，参差不齐，品牌大打折扣。因此，建立健全的质量保证体系是获得整齐的高品质果实的关键。

2. 包装预冷落后

（1）包装。零售市场上甜樱桃多数没有包装。批发或者销往超市的樱桃包装简易，多采用泡沫箱包装，透气性差、有异味、污染重。也有用纸箱包装的，档次仍然偏低，包装纸箱的规格尺寸及印刷方式五花八门，质量参差不齐。没有按照不同城市、不同地区、不同购买人群的要求定制不同规格的包装。另外，主产区优质果品包装设计上没有充分体现其优质性，与普通品质混同包装。从包装箱来看，外观图案设计不精美，包装材料不精良，不抗剂压，防潮能力，透气性均不符合标准，纸箱上多数没有标明商标、装果数量等，纸箱内部没有保鲜袋，内部果实品质各不相同。

（2）预冷。预冷是樱桃果品处理关键环节，可以快速降温，抑制樱桃呼吸，延长贮藏期，保持果品新鲜度，同时也防治的病原微生物的侵蚀，增加果品抗冷害能力。目前，我国果品采后绝大部分缺乏预冷环节，果实田间人工挑拣分级、装箱后运到市场销售。冷链运输不发达，采后分级、挑拣、装箱和运输，全部在常温下进行。缺少先进预冷设备和技术，90%以上的经营者没有预冷设备。有预冷条件的也多为空气预冷，缺少集预冷、清洗、分级于一体的水预冷技术。樱桃采后不遇冷直接入冷库贮藏，大量田间热会使果肉变软，果柄萎蔫失绿，后期入冷库后果实也不能恢复应有的硬度和新鲜度，在周转运输贮藏过程中，易造成二次损伤，增加果实腐烂率。

3. 品牌经营意识淡薄，缺少名牌 多数果品企业缺少品牌经营观念，忽略自身品牌建设，部分企业只是简单的注册一个产品商标，没有对产品品牌进行宣传，品牌成为虚设，做大做强品牌的想法不强烈，更缺少高知名度的名牌。有品牌的企业也是产地品牌，缺少商业品牌，经营的重心仍然是产品本身，不愿意在广告商大量投入资金，也不重视品牌的培育与宣传。

4. 销售、促销方式单一 甜樱桃果品的销售方式比较单一，主要以路边摊、农贸市场和超市为主要的销售场所。传统的单一销售方式已经不能够满足当下消费者的需求，果品企业应当不断开发、创新和探索出一些新的零售方式，促进果品销量的进一步提高。

促销方式仍以传统的降价方式进行促销。大多数市场的摊贩只会将快变质的果品降价销售，没有其他促销手段；而超市一般也是以降价方式进行促销，偶尔会有畅销果品和滞销果品捆绑的促销方式；批发市场和农贸市场以批量交易的多少给予消费者一定的折扣的方式销售。目前，樱桃果品还没有充分的利用媒体平台进行促销，如在各大卫视进行广告宣传，在高速公路广告牌上刊登广告，在飞机、大巴、出租车上张贴宣传画报等。

5. 企业网络流通渠道不健全 果品的企业网络营销不理想，大都还没有真正开展网络营销，部分企业虽然创建了自己的网站，但信息不健全，只有企业介绍和联系方式，产品详细信息介绍上的很少，而且没有提供与消费者进行沟通和交易的平台，不能为消费者提供准确及时的信息咨询服务，在企业网上服务平台直接进行的交易业务非常少。目前，绝大多数是个体通过淘宝等交易平台进行果品销售，企业网站根本就没有发挥网络销售平台作用。

三、营销策略

1. 高品质化策略　品质是果品营销的核心，品质跟不上所有的营销方式、营销策略都只是空中楼阁，充其量也只是"一锤子"买卖，不能使果品长久占据市场优势，并获得持续的销售额和利润。因此，从各方面提高樱桃果品的品质是非常重要的。

（1）注重引进、选育优良果品品种。生产优质果品最基本的条件是选择优质品种。随着近几年我国引种和新品种培育工作的推进，目前生产上可选的樱桃品种数量较多，但品种间品质差距显著，因此生产者和销售者选择高品质品种是关键。高品质樱桃品种通常要求平均单果重 10 克以上，可溶性固形物含量 17％～19％以上，pH 3.8，硬度大，抗裂果，果实整齐度高，畸形果率低，丰产、稳产等。各主管部门应该加强对品种苗木区试、推广、生产、流通等环节的监管，坚决杜绝劣品种进入市场损害农户的利益。另外，生产者选择新品种时要慎重，必须选择经过大规模、长时间验证的优良新品种。同时，相关部门应对优良果品品种的研究育种机构加大扶持力度，对优质果品品种的引进及推广给予支持，并引导果农按"因地制宜、适地适树、趋利避害、注重销路"的思路来生产果品。

（2）提高果品生产管理技术。即使在同一产区种植同一品种，由于生产管理技术的不同，果品质量会有很大差异。生产管理技术越高，果品的总体质量也会越高，果品的优质率也会越高。我国樱桃各主产区由于管理水平参差不齐，果品品质也大相径庭。各农业技术部门应采取多种形式对果农进行生产管理方面的培训，传授优良品种选择、栽培模式、整形修剪、肥水管理、花果管理、防治病虫害、采收等技术，使果品生产管理水平提高。另外要积极引导、培育龙头企业，使龙头企业与果农互惠互利的原则下结成利益共同体，形成产业化经营模式，更好的保证并提高果品质量。

（3）适时采收。樱桃采收过早，达不到果实应有的色泽、含糖量和风味；采收过晚，果实硬度降低，硬度果柄褐变和果实腐烂的风险加大。适宜的采收期，因品种特性、栽培管理水平、气候条件以及采收后用途来确定。采收后需要贮藏和长距离运输的樱桃，一般选择晚熟、肉硬、皮厚的品种。采收时要求可溶性固形物达到 18％以上，达到应有的色泽。作为近地销售的甜樱桃，应在樱桃充分成熟时采收，并立即销售。

2. 包装策略 包装对果品营销起着非常重要的作用，包装设计和材质直接影响商品本身的市场竞争。随着人们生活水平的提高，人们的消费已不再局限于温饱，人们对果品越来越注重质量，不仅注重果品健康、口感、色泽、外观等内在商品质量，而且对果品包装等外在商品质量也提出了更高的要求。因此，制定果品包装策略，对推动市场营销十分关键。

樱桃建议采用优质纸质材料进行标准化包装，内包装规格净质量根据不同市场定位可分为 0.25、0.5、1、1.5、2、2.5、3、4 和 5 千克不等。同一包装箱内保证果个大小、色泽基本一致。需要大批量运输的，可采用大礼盒进行外包装，一个大礼盒中根据需求装有 0.5 或 1 千克小包装的 4、8 或 12 盒不同。包装盒要求红色亮丽，与樱桃的外观相符。内包装盒内衬保鲜袋，厚度为 0.022～0.087 毫米，保鲜袋两侧要有多个直径约 5 毫米小孔，保证透气性。此外，樱桃包装盒外需要贴有非常详细的产品信息标签，包括产地、产区、品种、规格、等级、包装日期、出口公司、产品条码和二维码等。

另外，樱桃外观艳丽、果实小巧玲珑，素有"宝石水果"的美誉，是早春馈赠亲友的首选，建议精品化、小型化和透明化包装。樱桃生产者和经营者可以推出 250、375 和 500 克的小包装，以突显樱桃商品的珍稀。精美的包装要求外观漂亮、设计新颖、干净卫生、无污染，符合人们健康消费的心理需求。生产者和经营者应该对果品包装的材质、造型、工艺、图案和文字等进行精心设计，通过精美包装来突出樱桃果品的珍稀、精致的高贵形象，开拓国内外精品市场。调查显示，消费者在购买有包装的果品时，基本都要求打开包装查看一下是否有残次果、腐烂果掺杂其间。因此，樱桃生产者和经营者可在果品包装时采用透明材料，既增加美感又能提高消费者的购买欲望和信任度，让消费者不用打开包装也能看得清清楚楚，可谓两全其美。而且樱桃艳丽的外观能勾起消费者的购买欲望，十分适合透明化包装。

3. 品牌化策略　品牌是用以辨认、识别不同销售者或者销售者的产品或服务的一种名称、名词、标记、符号或设计。品牌不仅代表果品的质量性能和经营者的信誉，而且代表企业参与市场竞争的影响力，品牌的作用已不仅仅是对果品的识别，品牌对消费者的购买具有导向作用，带给消费者的是品质更是心理满足。果品市场竞争力的重要构成部分之一就是品牌，果品经营者应重视果品品牌建设，打造知名品牌以提高果品市场占有率，增加果农收入。我国樱桃尚未建成被消费者所熟知的响亮品牌，相反，从国外进口的车厘子却受到消费者的广泛欢迎。因此，应当加快品牌建设，从品牌的创建和品牌宣传中落实品牌营销。应该向花牛苹果、库尔勒香梨等著名果业品牌的建设借鉴经验，将樱桃品牌做大做强。

（1）强化品牌经营意识，创建果品品牌。注重品牌建设，打造知名品牌，用高质量产品维护品牌。果品企业应树立强烈的品牌经营意识，制定长期的品牌战略目标，创建品牌不是一朝一夕的事，只有以产品质量作为根本保证，长期努力，才能获得最终成功。建设好品牌，关键是注重品牌内涵建设，注重统一的理念、统一的个性、统一的视觉语言、统一的传播信息和统一的果品形象。全面创建果品品牌，必须抓好商标注册、产品认证、包装设计、文化宣传4个环节。提倡运用产地标志化和地理位置标志化作为产品品牌名称，鼓励各果品企业申请地理标志产品、绿色无污染标志产品。另外，要求果品质量达到国际认证水平，培育国内外知名品牌；最后，加大广告宣传力度，提高品牌知名度。

（2）建立品牌果品的标准体系。随着果品市场竞争的加剧，品牌果品越来越多，果品企业要想从众多的果品品牌中突围而出，离不开高品质的果品。高品质果品需要果品的标准体系来保证。建立果品标准体系重点是建立和完善建园技术标准、生产管理技术标准、采后技术标准、果品质量安全标准和与管理标准相配套的果品加工、运输、销售标准，另外，就是要在科学设置市场、产地检测点的基础上，使布局合理、分工负责的果品质量安全检验检测体系逐步建立起来。

（3）加大品牌宣传保护力度。品牌宣传是品牌建设中的一个重要环节，通过宣传，可以增加广大消费者对品牌的认知度，获得竞争优势。要充分利用电视、广播、网络等媒体，进行高频率、广角度的品牌宣传报道，提升社会美誉度。在此基础上，要积极举办或参与各类果品名牌展销会、品牌擂台赛、优质品牌采摘活动，不断扩大果品名牌国内外的市场知名度和影响力。另外，为了提升具有区域性的果品品牌知名度，地方政府也应积极宣传以增强品牌果品的市场竞争力。

名牌往往被不法经营者伪造、仿冒，赚取高额利润，所以必须加强名牌保护意识。加强对名牌的保护，一是果品经营者要提高商标意识，提高品牌保护意识；二是要对商标进行注册，寻求法律保护，对滥用冒用品牌的行为加以惩处；三是特色果品经营者要强化内部管理，不能片面追求经济利益而不顾产品质量，确保品牌与产品质量的一致，珍惜和维护品牌信誉。

4. 渠道策略 果品营销渠道的畅通与否直接关系到果品的

销售，果品的供需平衡更要依赖果品营销渠道的效率，果品流通效率高可以提高市场竞争力进而促进果品生产。因此，选择营销效率高、费用少的营销渠道将果品及时的送达目标市场，这是果品营销渠道策略所追求的最终目标。

（1）选择合适的营销渠道类型。营销渠道类型包括直销、代销、经销、经纪销售与联营销售等方式。一般来讲，果品营销环节越多则流通成本会越高，果品流通的速度也会越慢，对果品生产者和消费者都是不利的，但是，批发商的作用在大多数情况下是生产者和零售商所无法替代的，因此中间环节也并不是越少越好。对于果品营销来说，果品生产大都是一家一户的分散生产，具有周期性、季节性等特点，而果品的需求却具有持续性，存在小生产与大市场的矛盾。生产者与消费者不可能全部直接对接，对生产者而言，从规模性、经济性角度考虑直接式销售对自身不利，而对消费者而言，若生产与消费的时间空间距离小则能从中得到实惠，否则直接式销售由于生产者没有规模效益反倒会增加消费者负担。果品特别是鲜食果品易腐烂变质，应尽量缩短销售渠道，当然如果果品贮藏保鲜技术达到一定程度可以适当延长销售渠道。果品的特点、市场的特点、经营者自身的条件及销售渠道实施的效果都是选择营销渠道时所要考虑的因素。

（2）完善营销渠道体系。要提高营销渠道的效率，必须梳理和调整营销渠道体系。首先对涉及果品营销的所有环节规划梳理，使各环节之间顺利衔接，保证各环节及整个营销渠道的运行效率。此外，要加强批发市场这一果品流通的主要载体在果品流通中的作用，完善和发展批发市场的交易方式、管理模式及服务功能以满足果品大规模流通的需要，对果品流通的另一主要载体农贸市场则要改变其"脏、乱、差"的印象，从市场环境、品质保障等全面提升其形象。

（3）加强果品营销信息化建设。果品营销信息化建设是指为了提升果品营销水平而进行的一系列软硬件系统的搭建、推广、应用与维护升级等工作。信息就是效益，信息化建设水平对营销渠道效率有着直接影响。目前我国乡镇及行政村的网络覆盖率较低，果品营销的信息化建设还比较落后，因此，各级相关部门应从软硬件方面加强果品营销信息化建设以提高果品营销的渠道效率。

（4）创新营销渠道。果品销售市场范围、配送质量和市场价格直接受营销渠道模式影响。常见的果品销售大多以流动水果摊、集贸市场水果摊、果品零售店、超市果品零售区等形式出现，这些形式的果品销售由于管理较粗放、服务单一等原因与消费者日益增长的个性化需求还有一定差距。另外，一些偏远农村还存在着营销渠道过长的现象，再加上长距离的运输，到消费者手中的果品价格自然就比较高，消费者得不到真正的实惠。所以，我们必须从各个方面创新营销渠道：①选择合适的地点建立果品物流配送中心，以物流中心为平台，推动果品销售；②以物流配送中心为依托建立果品专卖店并实施连锁经营，同时，为了提升果品品牌形象，必须坚持统一采购、统一配送、统一标志、统一经营方针和统一销售价格等连锁经营要求；③在配送中心和连锁专卖店的基础上开展果品的网络营销，在扩大销售范围的同时，减少流通环节，降低销售费用；④大力发展观光旅游业，建设生态农业观光采摘园，并完善"农家乐"等配套接待设施，以满足现代消费者多样化需求。

5. 促销策略　果品促销是以一定的方式激发顾客购买欲望，最终导致购买行为发生的一种市场营销活动。果品促销通过传播果品信息和提供市场情报，突出果品特点并树立品牌形象，从而争取新顾客、增加市场销售量。

（1）广告促销。广告作为重要的果品信息传播方式，对果品的销售起着非常重要的作用。广告宣传可以帮助果品在市场占据竞争优势。广告促销主要有以下方式：电视广告宣传，可以在地方卫视和央视上做广告，也可以在电视剧、电影中植入产品广告；利用期刊、报纸对果品品牌进行宣传，提高企业知名度和产品影响力；在互联网各大网络平台上设置企业网站链接或广告；在高速公路的广告牌上刊登企业产品广告，使更多人熟悉该产品，或者是在各大城市的机场、火车站、汽车站等客流量较大的集散地张贴宣传画报；在出租车灯箱、公交车车体和公交站广告牌上对企业产品进行宣传。不同的宣传方式有其各自的特点，果品企业应当根据自身情况采用最合适的方式来宣传企业产品。

（2）绿色促销。绿色促销是指企业以绿色产品为核心，并围绕绿色、环保的概念开展各种营销推广活动来促进企业产品销售。绿色促销是近年来较新的促销形式，其关键在于产品的质量和产品的包装。由于人们对健康的关注，绿色产品市场正在不断扩大，采取绿色促销策略将是未来许多食品企业的发展方向。要做好绿色促销，首先果品企业应该通过各种传播媒体、各种活动向消费者传达企业的绿色理念，比如积极参与有关环境保护、污染防治的活动，以提高企业在消费者心目中的形象。其次，企业应该对产品的质量严格把关，从产品的生产、加工、包装到销售的整个过程秉持绿色环保理念。

（3）公共关系促销。公共关系促销是指企业通过开展一些公关活动来树立企业在消费者心目中的形象的一种促销方式。目前使用较多的公共关系促销手段包括开展各种会议、提供一些便民优惠服务，赞助多种公益性的活动、展销、展会活动等。可以在社区开办果品知识讲座，为居民介绍不同水果的功效、价值等相关知识；慰问、关怀孤寡老人和留守儿童，为老人和孩子送去温暖；对一些偏远山区穷苦人家提供经济帮助，向希望工程或者红十字会捐款；举办果品知识有奖问答比赛等活动。公共关系促销相比较广告促销来说，经济投入较少，但是影响力度远大于广告。

（4）旅游促销。旅游促销是指把果品与产地的旅游资源结合起来，通过休闲度假、观光旅游、果品采摘、参与体验等方式，

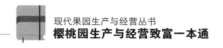

实现产品经营目标的一种促销活动。随着人们的生活水平的提高，旅游已成为新的消费方式，越来越多的人渴望旅游。旅游促销抓住游客观光的机会，采用各种方式宣传果品，让游客心甘情愿地购买果品。因此，果品生产者、经营者应充分利用各生产地的旅游文化资源来宣传果品品牌，以旅游为契机促进果品销售。

主要参考文献

冯晓元，王蒙，孔巍，等，2015. 樱桃良好农业规范［M］. 北京：中国农业出版社.

韩凤珠，赵岩，2017. 甜樱桃优质高效生产技术［M］. 2版. 北京：化学工业出版社.

胡丽萍，万文奎，等，2017. 大樱桃套袋技术［J］. 北方果树（5）：29.

黄贞光，刘聪利，李明，等，2014. 近二十年国内外甜樱桃产业发展动态及对未来的预测［J］. 果树学报，31（Sl.）：1-6.

李芳东，孙玉刚，闫桂红，等，2009. 生草对果园生态影响的研究进展［J］. 山东农业科学（12）：69-73.

李延菊，孙庆田，张序，等，2014. 甜樱桃防霜避雨设施栽培技术［J］. 落叶果树，46（1）：42-44.

卢海涛，2006. 现代市场营销观念及方法的创新与发展［J］. 商业经济（1）：31-62.

吕文娟，2015. 河北省果品企业营销策略研究［D］. 保定：河北大学.

孙瑞红，张勇，李爱华，等，2010. 甲维盐与阿维菌素对2种苹果害螨的作用效果比较［J］. 农药，49（4）：295-297.

孙杨，孙玉刚，魏国芹，2014. 甜樱桃褐斑病研究进展［J］. 湖北农业科学，2（4）：750-752.

孙杨，孙玉刚，魏国芹，等，2014. 樱桃流胶病研究进展［J］. 果树学报，31（增刊）：14-17.

孙玉刚，2015. 甜樱桃现代栽培关键技术［M］. 北京：化学工业出版社.

王凤娟，2012. 甜樱桃果实水预冷、清洗消毒与自动化分选技术［J］. 河北果树（4）：26-27.

王新娥，2011. 新疆特色果品营销策略研究［D］. 成都：西南财经大学.

魏国芹，玄令伟，孙玉刚，2011. 甜樱桃澳赛丛枝形（Aussie Bush）整形修剪技术［J］. 烟台果树（3）：31-32.

魏国芹，苏胜茂，孙玉刚，2012. 甜樱桃高密栽培适用的直立主枝树形［J］. 落叶果树，44（1）：35-37.

吴永权，魏东晨，2015. 果树生产与经营管理［M］. 北京：中国农业科学技术出版社.

徐连国，李尚庭，2015. 樱桃网络营销是对传统营销的改革［J］. 北方果树（5）：50-51.

张福兴，2013. 樱桃产业主要障碍因素攻关研究论文汇编［M］. 北京：中国农业出版社.

张洪胜，张振英，慈志娟，2011. 甜樱桃采后现代处理技术［J］. 中国果树（1）：73.

张开春，潘凤荣，孙玉刚，等，2015. 甜樱桃优新品种及配套栽培技术［M］. 北京：中国农业出版社.

Frank Kappel，2010. Sweet cherry cultivars vary in their susceptibility to spring frosts. Hort Science，45（1）：176-177.

L Long，G Lang，S. Musacchi，et al，2015. Cherry training systems. A Pacific Northwest Extension Publication，2015：43-49.

布鲁克斯甜樱桃品种

秦林甜樱桃品种

彩玉甜樱桃品种

鲁玉甜樱桃品种

马什哈德甜樱桃品种

胜利甜樱桃品种

柯迪亚甜樱桃

雷尼甜樱桃品种

红玉酸樱桃品种

秀玉酸樱桃品种

组织培养吉塞拉6号砧木苗繁育

起垄覆盖幼龄树示范

中心干树形示范
（宽行密株起垄覆盖，行间生草条件下）

KGB树形整形修剪示范

果园地面管理

树体健壮，中干直顺粗壮

防雨栽培

塑料大棚促成栽培